Guillaume Villemaud

Les communications multi-*

Guillaume Villemaud

Les communications multi-*

Contribution au développement d'architectures radio flexibles pour les réseaux sans fil hétérogènes

Presses Académiques Francophones

Impressum / Mentions légales
Bibliografische Information der Deutschen Nationalbibliothek: Die Deutsche Nationalbibliothek verzeichnet diese Publikation in der Deutschen Nationalbibliografie; detaillierte bibliografische Daten sind im Internet über http://dnb.d-nb.de abrufbar.
Alle in diesem Buch genannten Marken und Produktnamen unterliegen warenzeichen-, marken- oder patentrechtlichem Schutz bzw. sind Warenzeichen oder eingetragene Warenzeichen der jeweiligen Inhaber. Die Wiedergabe von Marken, Produktnamen, Gebrauchsnamen, Handelsnamen, Warenbezeichnungen u.s.w. in diesem Werk berechtigt auch ohne besondere Kennzeichnung nicht zu der Annahme, dass solche Namen im Sinne der Warenzeichen- und Markenschutzgesetzgebung als frei zu betrachten wären und daher von jedermann benutzt werden dürften.

Information bibliographique publiée par la Deutsche Nationalbibliothek: La Deutsche Nationalbibliothek inscrit cette publication à la Deutsche Nationalbibliografie; des données bibliographiques détaillées sont disponibles sur internet à l'adresse http://dnb.d-nb.de.
Toutes marques et noms de produits mentionnés dans ce livre demeurent sous la protection des marques, des marques déposées et des brevets, et sont des marques ou des marques déposées de leurs détenteurs respectifs. L'utilisation des marques, noms de produits, noms communs, noms commerciaux, descriptions de produits, etc, même sans qu'ils soient mentionnés de façon particulière dans ce livre ne signifie en aucune façon que ces noms peuvent être utilisés sans restriction à l'égard de la législation pour la protection des marques et des marques déposées et pourraient donc être utilisés par quiconque.

Coverbild / Photo de couverture: www.ingimage.com

Verlag / Editeur:
Presses Académiques Francophones
ist ein Imprint der / est une marque déposée de
OmniScriptum GmbH & Co. KG
Heinrich-Böcking-Str. 6-8, 66121 Saarbrücken, Deutschland / Allemagne
Email: info@presses-academiques.com

Herstellung: siehe letzte Seite /
Impression: voir la dernière page
ISBN: 978-3-8381-7436-5

TABLE DES MATIERES

1.   Le contexte : réseaux sans fil hétérogènes

Cette première partie introduit le contexte des travaux de recherche menés au sein de l'équipe Inria Socrate du laboratoire CITI de l'INSA de Lyon. Le cadre de ces recherches d'un point de vue applicatif est: les réseaux sans fil hétérogènes. Les défis à relever dans ce cadre applicatif sont exposés, avec une emphase particulière sur les architectures radio à diversité et le concept de structures multi-*.

Il est devenu depuis des années évident, même pour le simple amateur de nouvelles technologies, que le nombre des systèmes utilisant une connexion sans fil ne fait qu'augmenter. Les usages liés au nomadisme ou même simplement à la disparition de câbles jugés encombrants ou inesthétiques poussent à développer encore et toujours de nouvelles interfaces radio adaptées aux contraintes amenées par lesdits usages. Dès lors, à partir du moment où l'on souhaite développer des équipements compatibles avec plusieurs de ces usages (deux exemples faciles étant les téléphones portables et les tablettes tactiles), cela sous-entend qu'il faut être capable d'intégrer dans ces mêmes dispositifs un nombre d'interfaces radio de plus en plus important.

En effet, le concept de convergence [Bla98] né il y a de nombreuses années et qui visait à unifier les transports d'information autour d'une seule et même norme, même s'il renaît sporadiquement dans certains contextes, a été globalement abandonné. Bien que la convergence globale vers le tout-IP reste d'actualité, et que les offres Multiple-play des opérateurs offrent de plus en plus une convergence des services, il n'en reste pas moins que du point de vue des standards de communication, la diversité reste à l'ordre du jour. Ainsi, pour reprendre l'exemple type du téléphone portable, il doit à l'heure actuelle offrir à minima trois bandes distinctes (GSM, DCS et UMTS), plus si l'on veut voyager de par le monde, plus les nouvelles bandes LTE, plus également une connexion Bluetooth, un accès WiFi, une puce GPS et éventuellement un lien NFC. Mais encore de nos jours, multiplier les interfaces de connexion est synonyme de multiplication des puces radios. De plus, comme toutes les nouvelles normes de communications sans fil visant des forts débits de données intègrent désormais des fonctionnalités MIMO (*Multiple Input Multiple Output*, multi-antenne à l'émission et à la réception), cela sous-entend le fait que même pour une seule interface radio, plusieurs chaînes d'émission/réception sont nécessaires.

Au-delà même de ces standards « concurrents », il apparaît de plus en plus la volonté d'utiliser en parallèle ces différents réseaux. Les concepts de *Smallcells* [Small] et de réseaux hétérogènes sont les nouvelles armes des opérateurs pour espérer proposer une meilleure couverture et surtout un meilleur débit, tout en avançant également l'argumentaire lié à une réduction des densités de puissances rayonnées et de la consommation énergétique des réseaux. Ces réseaux hétérogènes, bien qu'initialement développés sur la base d'une combinaison de *macrocells*, *picocells* et *femtocells* déployées de manière planifiée ou non, s'orientent désormais vers un niveau d'hétérogénéité supérieur : opérer de manière conjointe (et donc simultanée voir même coordonnée) des *macrocells* utilisant une norme 3 ou 4G et des *smallcells* fonctionnant sur un standard de type WiFi [Roche12].

Partant de ce constat, au-delà de la simple contrainte d'intégration de toutes ces technologies au sein d'un seul et même terminal (les progrès constants de la miniaturisation des circuits aidant en cela), il apparaît clair que le coût de ces systèmes augmente en conséquence, mais qu'également leur consommation énergétique suit la même logique. Même si l'autonomie des batteries est en constante (bien que lente) amélioration, cette consommation énergétique reste un enjeu majeur, non seulement pour le confort de l'utilisateur, mais aussi et surtout pour l'impact économique et environnemental de cette densification des réseaux sans fil.

Globalement, basé sur ces constats, le fil-rouge qui sous-tend les travaux présentés par la suite est le concept général de systèmes multi-*. Ce paradigme couvre l'étendue des systèmes radios qui offrent de multiples degrés de liberté : multi-standard, multi-fréquence, multi-canal, multi-antenne, etc... Dès lors que l'on veut intégrer plusieurs de ces degrés de liberté au sein d'une même structure, il devient intéressant de réfléchir à des approches différentes que la classique superposition (ou plutôt juxtaposition) de puces dédiées évoquée précédemment. Partir d'emblée du postulat qu'une architecture va dès sa conception intégrer plusieurs interfaces permet alors d'avoir une optimisation différente de l'ensemble du système.

Au-delà, la flexibilité de ces interfaces multi-* est également une question ouverte. Les concepts de radio logicielle ou de radio cognitive initiés par Mitola [Mito95] offrent des perspectives intéressantes pour tendre vers des systèmes radio hautement reconfigurables et permettant de s'adapter au mieux aux conditions locales (choix du standard, du canal de transmission, réutilisation des ressources, etc...) en augmentant fortement la part numérique de ces architectures. Mais on ne peut néanmoins pas s'affranchir d'une partie analogique des frontaux radiofréquences (ou Front-end RF). Il devient alors également pertinent d'intégrer ce compromis dans la conception de radios flexibles multi-* : la répartition des contraintes entre la partie analogique et la partie numérique. En effet, certaines architectures peuvent conduire par exemple à relâcher des contraintes sur certains composants analogiques critiques si en contrepartie les dégradations engendrées sont potentiellement corrigées dans le domaine numérique.

C'est donc dans ce contexte de réseaux hétérogènes, d'optimisation des ressources temporelles, fréquentielles et spatiales, des concepts de diversité associés et de systèmes multi-* que vont se situer les travaux présentés.

2.   Performances du lien radio

Dans cette partie nous allons donner une vision la plus globale possible des différentes briques de base à assembler pour permettre une évaluation la plus réaliste possible des performances du lien radio. Après une première discussion sur l'influence des scénarios considérés, nous détaillerons avec soin les principaux composants de la chaîne de transmission que nous avons à prendre en compte pour comprendre son fonctionnement et son optimisation : le bilan de liaison, les architectures matérielles et particulièrement les architectures à radio logicielle. Par la suite, les principaux outils permettant la modélisation du canal radio et la simulation de son influence sur les systèmes radio sont présentés. Enfin, les outils de mesure des performances potentielles de ce lien radio sont évoqués avant une brève synthèse sur cet état des lieux.

2.1 Influence des scénarios d'usage

Par quel bout prendre le problème ? Le dilemme est bien là, car dans les réseaux sans fil modernes et le contexte d'hétérogénéité que nous venons d'évoquer, l'utilisateur final se préoccupe peu (en fait pas du tout) des moyens, mais bien uniquement de la fin. Cette fin peut être exprimée en termes de qualité de service (QoS), mais aussi en termes de coût (sur la facture de l'opérateur par exemple) ou encore en termes d'empreinte écologique (liée à la consommation énergétique). Mais l'utilisateur ne veut pas savoir si pour arriver à cette fin, le terminal qu'il tient entre les mains a dû changer de standard, de fréquence, utiliser une ou plusieurs antennes ou même passer par un relai. Pourtant, la problématique reste bien présente : comment décider de basculer par exemple d'une liaison 3G vers un réseau WiFi, d'utiliser un traitement MIMO ou de demander un relai par un autre terminal ? La multiplicité des nouveaux services et donc des nouveaux usages en découlant doit s'accompagner d'une sensation de transparence pour l'usager, qui lui ne souhaite qu'une chose : être toujours connecté, et si possible au meilleur prix.

Pour garantir cette connexion, il faut être capable d'intégrer donc toujours plus de standards dans un même terminal, de le rendre le plus évolutif possible, et de lui donner l'intelligence nécessaire pour choisir la bonne interface dans le bon contexte. Pour la communauté scientifique, cela apporte de nombreuses questions à creuser, à tous les niveaux des réseaux radios. Mais pour déployer correctement un service, il faut pouvoir établir efficacement le meilleur routage possible de l'information, ceci se basant sur une politique de partage d'accès forcément contrainte par ces aspects multi-interface, qui va également dépendre des stratégies de partage de ressources centralisées ou distribuées, tout cela devant au final reposer sur une estimation correcte du potentiel ce chacun des liens radios disponibles.

Ces considérations bien connues ont donné lieu à de nombreuses approches d'optimisation multi-couche (ou *cross-layer*). Chaque couche du modèle OSI a besoin d'informations pertinentes provenant des autres couches pour être optimisée correctement. L'évaluation large échelle d'un réseau de grande dimension avec un très grand nombre de nœuds radios a très longtemps été faite en se basant sur des hypothèses trop simplificatrices sur les liens radios (principe du disque unitaire, symétrie et indépendance des liens, stationnarité, etc...). De nombreux efforts ont été faits pour permettre d'intégrer des modèles plus réalistes de ces liens radios et donc de la capacité de la couche physique (PHY). Mais ce problème étant déjà complexe en soit pour des réseaux de grande taille, il devient d'autant plus ardu si on ajoute de multiples interfaces radio. Sachant de plus que ces interfaces peuvent avoir des comportements très différents les uns des autres, que ce soit spatialement, fréquentiellement ou temporellement, et cela tout en présentant certains degrés de corrélation.

Dans les nombreux développements autour de ces interfaces radios multiples, une attention particulière doit être portée au concept de radio logicielle. Ce paradigme désormais bien connu, initialement proposé par Mitola [Mito95] vise à réduire le plus possible les parties analogiques des transmetteurs pour effectuer la plupart des fonctions directement dans le domaine numérique. Comme nous allons le voir par la suite, la vision idéaliste de la radio logicielle se heurte à des limites technologiques fortes, et ses applications aujourd'hui envisageables sont connues sous le nom de radio logicielle définie (ou *Software Defined Radio,* SDR). Mais les gains importants de flexibilité ou de reconfigurabilité de ces architectures SDR amènent également leur lot de contraintes technologiques, de dégradation du lien radio ou de surcoût matériel. A titre d'exemple, [Moy08] présente des architectures potentielles basées sur la SDR permettant de regrouper différents modes de communications dans une seule et même structure agile, mais nécessitant toujours une multiplication des composants RF (Figure 1). Cette nouvelle approche induit donc de nouvelles perspectives mais également demande de nouveaux outils d'évaluation et de nouveaux compromis à définir.

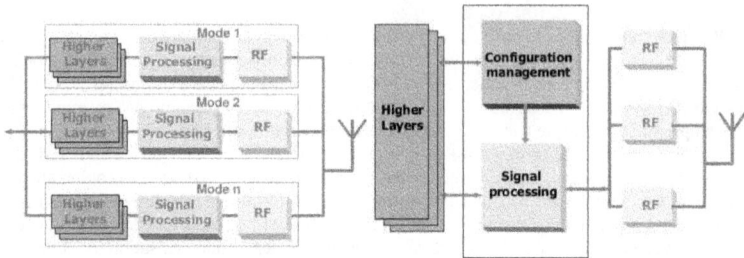

Figure 1.   Figure extraite de [Moy08] présentant l'apparition d'une reconfiguration logicielle mais pointant le fait qu'on est toujours limité à des blocs RF distincts.

Il apparaît alors crucial d'être capable d'offrir des outils, non seulement pour proposer de nouvelles architectures de terminaux, mais bien avant même, pour être avant tout capable de modéliser ou simuler fidèlement les performances de ces liens. Pour connaître le gain potentiel d'une stratégie basée sur plusieurs interfaces, il faut déjà être capable de prédire correctement le comportement complexe des liens radios correspondant à chacune de ces interfaces. Enfin, pour évaluer ce gain, il faut en définir les métriques pertinentes. Des compromis très divers peuvent être faits entre la performance, la consommation ou la latence par exemple. Mais une fois ces métriques ciblées, il va falloir également cerner la granularité nécessaire de la modélisation du problème. En effet, dans ces scénarios très hétérogènes, on peut très vite en arriver à une explosion du nombre de paramètres. Nous allons donc par la suite débuter par une description des principales parties d'une chaîne de transmission radio à prendre en compte pour en arriver à une modélisation réaliste d'un lien sans fil. Nous verrons également les outils théoriques, de simulation ou de mesure qui permettent de concevoir et optimiser ce genre de systèmes complexes.

2.2 La chaîne de transmission radio

Nous allons tout d'abord commencer par décrire une transmission simple entre un seul émetteur et un unique récepteur. Entre l'information brute (les bits de données) en entrée de l'émetteur et le décodage de ces mêmes bits en fin de la chaîne de réception, de nombreux phénomènes vont entrer en compte.

2.2.1   Le bilan de liaison ou formule de Friis

Quand on parle de transmission sans fil, on pense tout d'abord à ce fameux lien radio, cette magique mise en œuvre pratique de la théorie de l'électromagnétisme. Si l'on ne veut pas trop entrer dans les détails pour évaluer la qualité de la transmission d'un signal entre un émetteur et un récepteur, un outil bien connu est l'établissement d'un bilan de liaison. L'expression suivante, appelée donc bilan de liaison ou formule de Friis, permet cette évaluation :

$$P_r(d) = P_e.G_e.G_r.\left(\frac{\lambda}{4\pi.d}\right)^2 \tag{1}$$

A partir de cette formulation, on peut estimer Pr, la puissance reçue, en fonction de la puissance d'émission Pe, des gains des antennes d'émission (Ge) et de réception (Gr), de la longueur d'onde du signal λ, et de la distance émetteur-récepteur d.

Cette première expression, dite en espace libre, c'est-à-dire supposant un milieu complètement vide de propagation de l'onde radio entre l'émetteur et le récepteur, donne une première idée de paramètres clés à prendre en compte pour l'évaluation d'une liaison. On voit déjà ici que si l'on veut estimer la portée d'une communication (donc la valeur maximale de d), il faut connaître la valeur minimale de puissance reçue avec laquelle le signal de réception est décodable pour l'application visée. Une fois cette puissance seuil connue, on pourra alors estimer la portée en fonction des choix (imposés ou non) de la puissance maximale d'émission, de la fréquence du signal (donnant la longueur d'onde), et des gains des antennes d'émission et de réception. Une première constatation évidente, qui est une limitation connue des communications sans fil, est que plus on cherche à augmenter la fréquence du signal, plus l'atténuation d'espace libre augmente, et donc avec les mêmes paramètres, la puissance reçue diminue avec la montée en fréquence.

2.2.2 *Prise en compte des architectures matérielles des récepteurs*

Nous verrons par la suite qu'une modélisation bien plus fine du lien radio peut être réalisée, mais cette première évaluation donnée par la formule de Friis permet déjà de rendre compte de la dépendance de la puissance reçue en fonction des principaux paramètres de la liaison. Mais comme nous venons de l'évoquer, il faut alors pouvoir déterminer quelle est la puissance minimale de réception par rapport au fonctionnement de l'application visée. Théoriquement, un signal modulé transportant de l'information peut toujours être démodulé si l'on est capable de différencier correctement les différents états de cette modulation. Ce qui va alors limiter la capacité d'un récepteur à décoder convenablement l'information est le bruit engendré sur ce signal. Ce bruit provient non seulement de l'environnement de propagation, mais également du système en lui-même.

Prenons comme base la vision simplifiée d'une chaîne de transmission représentée sur la Figure 2. Les signaux numériques sont convertis en signal analogique puis transposés en fréquence RF, amplifiés puis rayonnés par une antenne d'émission. A l'autre extrémité du canal radio l'antenne de réception capte le signal, qui est ensuite filtré pour ne garder que la bande d'intérêt, amplifié, et converti à nouveau en bande de base (ou basse fréquence). Ce signal est alors numérisé pour être ensuite interprété par la partie numérique du récepteur.

Dans cette chaîne, plusieurs notions de bruit interviennent. Tout d'abord, le bruit le plus communément considéré est le bruit thermique. Ce bruit, aussi souvent appelé bruit ambiant, est la combinaison de tous les rayonnements produits dans l'environnement du système, c'est-à-dire par tous les corps chauds (au-dessus du zéro absolu). L'agitation électronique produit un bruit de densité spectrale égale dans toute la bande de fréquences considérée (bruit blanc). Le niveau de ce bruit thermique peut être aisément estimé ainsi :

$$P_{bruit} = k.T.B \text{ en Watt} \tag{2}$$

avec k=1,38. 10^{-23} W/K/Hz
T : température en Kelvin
B : bande passante du signal en Hertz.

Au-delà de ce bruit thermique, d'autres bruits peuvent intervenir (grenaille, excès, bruit en 1/f etc...), provenant de l'extérieur ou de l'intérieur du système, mais nous ne les considérerons pas par la suite. Par contre, en considérant qu'au niveau de la réception d'un signal, l'antenne va capter la superposition du signal d'intérêt et de ce bruit blanc (supposé gaussien), nous allons voir également l'impact du système en lui-même.

Tout d'abord, la notion primordiale pour déterminer la puissance reçue minimale nécessaire à une bonne transmission est le rapport signal à bruit (*signal to noise ratio*, SNR).

Si l'on reprend la formule de Friis (1), on peut alors déterminer ce rapport :

$$SNR = \frac{P_r}{P_{bruit}} \tag{3}$$

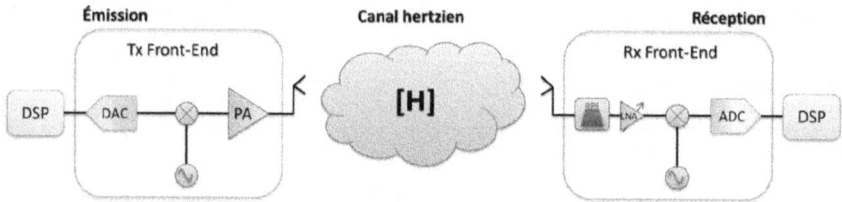

Figure 2.   Vision générale d'une chaîne de transmission radio

C'est donc ce rapport entre la puissance du signal reçu (dépendant du canal radio, de la puissance d'émission et des gains d'antennes) et la puissance du bruit qui permettra par la suite d'obtenir une démodulation correcte ou non de l'information.

Ce SNR correspond alors au signal au niveau de l'antenne de réception. Dans la suite du récepteur, certains éléments passifs vont pouvoir induire des atténuations du signal (câbles, filtres, etc…) mais cela impactera de la même manière le signal utile et le bruit. Par contre, les éléments actifs auront, eux, un impact important sur le SNR, que l'on caractérise par le facteur de bruit du composant :

$$F = \frac{SNR_{IN}}{SNR_{OUT}} \tag{4}$$

Ce facteur de bruit représente donc la dégradation du SNR entre l'entrée (SNR_{IN}) et la sortie (SNR_{OUT}) du composant. On parle également de figure de bruit lorsque ce rapport est exprimé en décibels:

$$NF = 10.\log(F) \tag{5}$$

Pour réduire cette dégradation, on privilégie en réception les amplificateurs dits faible bruit, qui possèdent donc des figures de bruit bien plus faibles que les amplificateurs de puissance utilisés en émission. De plus, le facteur de bruit de plusieurs éléments successifs peut être donné par cette autre formule édictée par Friis :

$$F = F_1 + \frac{F_2-1}{G_1} + \frac{F_3-1}{G_1 G_2} + \frac{F_4-1}{G_1 G_2 G_3} + \cdots + \frac{F_n-1}{G_1 G_2 G_3 \ldots G_{n-1}} \tag{6}$$

où F_n et G_n représentent respectivement le facteur de bruit et le gain des éléments successifs mis en cascade.

De cette expression (6) on peut conclure que les premiers éléments auront une importance prépondérante sur le facteur de bruit de l'ensemble de la chaîne.

A partir de ces deux notions de rapport signal à bruit et de figure de bruit, on peut définir la sensibilité d'un récepteur:

$$S_{dBW} = 10.log(P_{bruit}) + 10.\log(SNR_{cible}) + NF \tag{7}$$

Ici on peut alors déterminer quel niveau de puissance minimal est nécessaire pour obtenir un certain SNR cible, en fonction de la puissance de bruit dans la bande et de la figure de bruit du récepteur. Ce SNR cible sera alors déterminé en fonction de la modulation utilisée afin de garantir un niveau de taux d'erreur binaire donné (dépendant de l'application ou du standard par exemple). On obtiendra alors la qualité de transmission requise pour :

$$10.\log(P_r) \geq S_{dBW} \tag{8}$$

2.2.3   Les architectures de Radio Logicielles

Nous venons de voir dans la section précédente que le dimensionnement d'une liaison radio va dépendre du critère de SNR minimal ou de la sensibilité que l'on va fixer pour garantir le fonctionnement de l'application visée. Cette sensibilité est liée au niveau de bruit dans le récepteur, mais également comme nous allons le voir par la suite à la capacité de numérisation de ce récepteur. Comme déjà évoqué, le concept de radio logicielle peut permettre d'offrir la flexibilité et l'évolutivité tant recherchées pour les terminaux modernes. Mais cette radio logicielle impose de revoir quelque peu les architectures matérielles, avec notamment un glissement de plus en plus important de la frontière *hard/soft*, autrement dit du passage entre l'analogique et le numérique. Pour poursuivre la réflexion sur la chaîne de transmission radio, il convient alors également de se pencher sur l'impact du choix de l'architecture du récepteur radio. Nous résumons donc ici brièvement les principales architectures possibles avec leurs avantages et inconvénients.

Principales architectures de récepteurs

Tout d'abord, quand on parle de radio logicielle, on peut penser à la vision idéaliste de Mitola, qui consisterait à directement numériser le signal juste après l'antenne de réception. Cette approche (résumée dans la Figure 3) suppose alors d'être capable d'échantillonner le signal à une cadence suffisamment rapide par rapport à sa fréquence porteuse (directement en RF donc). Bien entendu, ce système ne peut être viable quand ajoutant un filtre de bande derrière l'antenne (pour limiter le bruit et les interférences) ainsi qu'une chaîne à contrôle de gain pour réduire la dynamique des signaux à numériser. Mais même avec cette mise en œuvre, cette approche ne parait envisageable que pour des systèmes intrinsèquement bande étroite, de fréquence porteuse peu élevée et de portée relativement faible (peu de dynamique). Dès lors, pour des applications de systèmes multi-interface, cette architecture n'est clairement pas envisageable.

Superhétérodyne: L'architecture la plus utilisée par les récepteurs radio actuels est la superhétérodyne, dont la description générale est donnée dans la Figure 4. Cette structure, bien plus complexe, réalise successivement deux transpositions en fréquence du signal reçu, pour au final numériser deux signaux (signal en phase I et signal en quadrature Q) directement en bande de base.

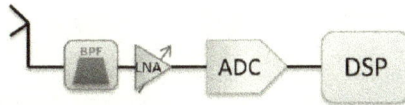

Figure 3.   Vision idéale de Mitola : la radio logicielle.

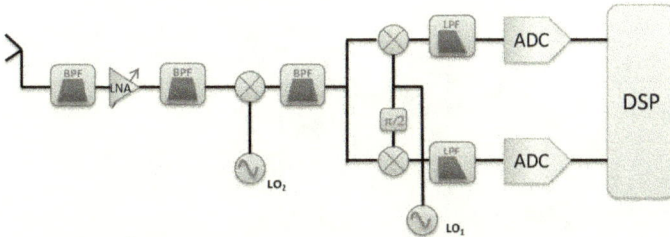

Figure 4.   Représentation schématique d'un récepteur superhétérodyne.

Cette structure présente plusieurs avantages :

- le filtrage et l'amplification progressive des signaux interférents de forts niveaux permettent de mieux gérer les contraintes de linéarité du récepteur;
- les phénomènes de défauts d'orthogonalité (IQ) des blocs IQ de translation en fréquence sont faibles, leurs impact sur la qualité de réception sont de fait insignifiants;
- l'influences des composantes DC parasites est insignifiante;
- la maîtrise de la technique de réalisation.

Cependant, même si cette architecture présente les meilleures performances dues à la très bonne maîtrise du filtrage et de l'amplification, les inconvénients majeurs sont liés aux problèmes de réjection de la fréquence image. En effet, le grand nombre de composants électroniques associés avec la non-intégration sur puce des filtres RF (en particulier les filtres de réjection de la fréquence image) rendent cette structure très lourde en termes de complexité. La présence des filtres de réjection de la fréquence image ou filtres FI (entre la sortie du LNA et l'entrée du premier mélangeur dans la Figure 4) est impérative pour ce genre de structures. En effet, la réjection du signal ayant un spectre dans la bande fréquence image évite une possible détérioration de la qualité du signal utile en fréquence intermédiaire. Les contraintes imposées à ces filtres imposent le choix de filtres à onde de surface ou SAW (*Surface Acoustic Waves*), non intégrables sur puce. Plusieurs essais ont été effectués pour intégrer cette architecture [Roge02], mais les filtres RF restent encore difficilement intégrables.

Homodyne: la structure homodyne est celle qui s'approche le plus de la vision idéale de la radio logicielle. Ici une seule transposition, directement en bande de base, du signal est effectuée, sur les deux voies en phase et en quadrature. Puis ces voies I et Q sont filtrées (passe-bas) et numérisées. Un seul oscillateur est nécessaire permettant plus facilement d'envisager une structure agile.
Les avantages de la structure homodyne sont :

- Un nombre de composants réduit par rapport à la superhétérodyne;
- Pas de problème de fréquence image;
- Les filtres passe-bas requis sont facilement intégrables;
- Les contraintes sur les ADC sont fortement réduites (conversion en bande de base).

Néanmoins, cette structure présente aussi des inconvénients :

- le filtrage et l'amplification du signal ne sont pas distribués le long de la chaîne de réception ce qui ne permet pas un contrôle de la qualité du signal;
- la présence de composantes parasites DC. Ce phénomène, appelé « *DC offset* », est lié aux fuites entre les différents accès des mélangeurs. Ce parasite va dégrader le signal utile en bande de base en termes de SNR;

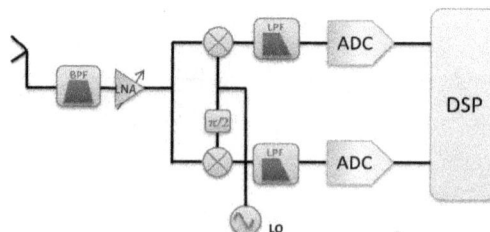

Figure 5.   *Représentation schématique d'un récepteur homodyne ou zeroIF.*

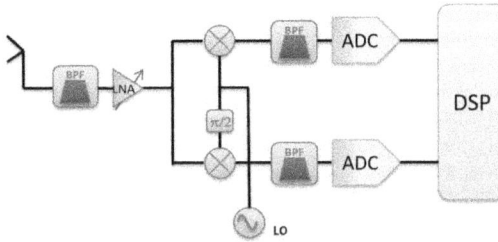

Figure 6.   Représentation schématique d'un récepteur Low-IF.

- les défauts dus aux intermodulations d'ordre deux du LNA et aux fuites entre l'entrée RF et la sortie du mélangeur;
- l'appariement des voies en quadrature peut perturber la qualité du signal en bande de base en termes de rapport signal à bruit.

Low-IF: Afin de s'affranchir de ces inconvénients, l'architecture à faible fréquence intermédiaire ou Low-IF a été proposée. Le principe du récepteur Low-IF est de transposer une première fois le signal radio à une fréquence très proche de la valeur DC. Le signal est ensuite converti par les ADC. Enfin, le second étage de transposition est effectué numériquement en multipliant par des signaux numériques en quadrature. L'utilisation d'une fréquence intermédiaire basse aide à s'affranchir des composantes parasites proches de la composante DC. Cependant, l'architecture Low-IF présente deux grands inconvénients : l'augmentation des contraintes imposées aux ADC en termes de fréquence d'échantillonnage et la fréquence image qui peut être occupée par un des canaux adjacents.

En synthèse, les approches homodyne ou low-IF sont celles qui s'approchent le plus du concept idéal de radio logicielle et qui peuvent permettre le plus aisément de concevoir des récepteurs flexibles. Mais au-delà, le choix de l'architecture et ses limitations seront liés au contexte d'utilisation et au nombre et type de standards de communication visés. En effet, l'agilité peut être vue à différents niveaux : frontaux pilotables balayant les spectres d'intérêts pour ne numériser que la bande nécessaire ou au contraire front-end et numérisation très large bande (ou multibande) et sélection des canaux en numérique. La première solution permet une bonne qualité de la chaîne mais au coût de composants RF agiles et ne permet pas la réception simultanée de plusieurs signaux. La seconde ouvre de très larges possibilités (réception simultanée, travail sur plusieurs canaux, réjection d'interférence, etc...) mais requière des composants large bande (induisant de fait généralement des distorsions plus importantes) et surtout augmente la dynamique potentielle des puissances reçues, et donc les contraintes sur la numérisation.

Impact sur la numérisation
Comme nous l'avons vu dans la formule de Friis (1), la puissance reçue va être globalement fonction de l'inverse du carré de la distance. Cela va engendrer naturellement une très forte dynamique des signaux à traiter dans un système mobile. A fortiori, plus la portée du système va être grande, plus l'écart entre les niveaux potentiels maximums et minimums de signaux à traiter va être important. Les récepteurs incluent pour palier à ce problème des systèmes de contrôle automatique de gain (AGC, *Automatic Gain Control*). Ce type de système bouclé permet de réguler la plage de puissance des signaux à échantillonner (en contrôlant le gain des amplificateurs de réception, représenté de manière simplifiée par les LNA variables dans les Figures 3 à 6).

Pour garantir la bonne numérisation des signaux analogiques, on doit déterminer la pleine échelle du convertisseur analogique-numérique, ou Full Scale Range des ADC :

$$FSR_{[dB]} = P_{FS[dB]} - NF_{ADC[dB]} \qquad (9)$$

où P_{FS} (de l'anglais *Power Full Scale*) est la puissance pleine échelle du convertisseur (liée au niveau de tension maximale) et NF_{ADC} est la figure de bruit introduite par l'ADC. La P_{FS} est la puissance maximale instantanée qui est tolérée à l'entrée du convertisseur (dépendante de la technologie et donnant la contrainte de régulation de l'AGC).

Le bruit de quantification est alors lié au nombre de bits sur lequel est effectué la quantification et à V_{FS} la tension maximale correspondant à P_{FS}. Le pas de quantification (en Volts) est donné par :

$$Q = \frac{V_{FS}}{2^N} \qquad (10)$$

où V_{FS} représente la tension pleine échelle et N le nombre de bits de quantification.

On montre alors que le bruit de quantification est donné par :

$$NP_Q = \frac{Q}{3\sqrt{2}} \qquad (11)$$

Le bruit de quantifiaction est donc indépendant de la fréquence d'échantillonnage, mais par contre sa densité spectrale de puissance va du coup diminuer en fonction de l'augmentation de f_s. On en déduit le rapport signal à bruit dû à l'ADC (hors bruit thermique) :

$$SNR_{ADC[dB]} = 20log\left(\frac{\frac{V_{FS}}{2\sqrt{2}}}{\frac{Q}{3\sqrt{2}}}\right) = 20log\left(2^N\sqrt{\frac{3}{2}}\right) = 6,02N - 1,76 \qquad (12)$$

D'après (2) on connait le bruit thermique, classiquement aux alentours de -174 dBm/Hz, ce qui permet de donner :

$$NF_{ADC[dB]} = 20log\left(\frac{V_{FS}}{2^N.3\sqrt{2}}\right) - 10log(k.T.B) \qquad (13)$$

Dans le cas de signaux modulés à enveloppe non constante, de signaux multi-porteuse ou plus largement de la numérisation d'une bande de fréquences pouvant contenir plusieurs signaux, se pose également le problème non seulement de la puissance moyenne des signaux à numériser, mais également de la variance de ces signaux. Si on considère que la puissance moyenne du signal total en entrée est S_{max}, et que le rapport entre la plus grande valeur de la puissance instantanée et la puissance moyenne est le *PAPR* (*Peak to Average Power Ratio*) pour le même signal, on peut définir la P_{FS} par l'équation:

$$P_{FS[dB]} \geq S_{max[dB]} + PAPR_{[dB]} \qquad (14)$$

Dès lors, en intégrant ces différents paramètres, on peut définir en fonction des caractéristiques du système, le nombre de bits effectifs (*Effective number of bits*, ENOB):

$$ENOB = \frac{FSR_{[dB]} - 1,76 - 10.log(OSR)}{6,02} \qquad (15)$$

où OSR désigne le facteur de suréchantillonage (*Over Sampling Ratio*).

$$ENOB \geq \frac{S_{max[dB]} + PAPR_{[dB]} - NF_{ADC} - 1,76 - 10.log(OSR)}{6,02} \qquad (16)$$

Une augmentation de 6 dB de la puissance du signal ou du PAPR implique donc 1 bit supplémentaire de conversion ou un facteur 4 supplémentaire de suréchantillonage nécessaire. D'autres bruits, comme la dérive d'horloge ou les raies parasites, peuvent également demander une augmentation du nombre de bits de quantification, sur lequel une marge est généralement prise.

Finalement, on peut mettre en relation le nombre de bits effectifs avec le rapport signal à bruit incluant les distortions (*Signal-to-noise and distortion ratio, SNDR*) :

$$SNDR_{[dB]} = 6,02.ENOB + 1.76 \qquad (17)$$

En conclusion, dans le cas de la radio logicielle ou plus globalement de récepteur numérisant des signaux hétérogènes une attention particulière devra donc être portée au dimensionnement de la partie numérisation. Outre le fait évident que le fait de numériser une plus large bande de fréquence que la seule largeur d'un canal de communication requière une fréquence d'échantillonage supérieure, l'approche a d'autres inconvénients. Numériser plus large va naturellement ramener plus de bruit, le bruit thermique en lui-même pourra être filtré en numérique, mais les autres parasites ou intérférents seront plus nombreux. De même, le fait de recevoir potentiellement plusieurs communications simultanées va augmenter le PAPR en entrée des ADCs et nécessitera de fait une augmentation du nombre de bits ou une augmentation du suréchantillonage. Enfin, le choix de l'architecture RF aura un impact sur le niveau des signaux parasites, et comme dans les architectures les plus appréciées pour la radio flexible de type homodyne ou lowIF le contrôle de gain est un point critique pour garantir une utilisation optimale de la pleine échelle des numériseurs.

2.3 Modélisation réaliste du lien

2.3.1 Phénomènes physiques et conséquences

Précédemment, nous avons vu les principaux éléments constitutifs d'une liaison radio (Figure 2). La formule de Friis telle qu'exprimée en (1) permet une évaluation statique et très simplifiée du bilan de liaison émetteur-récepteur. Cette formulation en espace libre ne tient pas compte du milieu de propagation (on suppose un milieu parfaitement vide). Pour donner une expression plus réaliste de ce bilan de liaison, on peut proposer une formulation comme suit :

$$P_r(d) = P_e. G_e(\theta, \varphi). G_r(\theta', \varphi'). k. \frac{\lambda^2}{d^n}. \alpha_{shadowing}. \alpha_{fading} \qquad (18)$$

Ici, contrairement à (1), on précise que les valeurs des gains d'émission et de réception dépendent de l'orientation des antennes l'une par rapport à l'autre et donc de leurs diagrammes de rayonnement respectifs. Cela rend compte alors de l'aspect de filtrage spatial qu'engendrent les caractéristiques des antennes. De plus, on suppose ici que les diagrammes G_e et G_r sont définis pour une même polarisation, sinon il faudrait ajouter en plus de cela un terme de rendement de polarisation (qualité de l'alignement des axes de polarisation des champs rayonnés à l'émission et captés en réception).

On note également que l'affaiblissement est toujours dépendant de la longueur d'onde et donc de la fréquence choisie. Par contre ici, l'atténuation due à la distance, ou *pathloss*, varie en $\frac{k}{d^n}$ avec les k et n dépendant du type d'environnement considéré (*n* étant également connu sous le nom de *pathloss exponent*). En pratique, le *pathloss exponent*, égal à 2 en espace libre, peut varier globalement entre 1.5 et 6 en fonction de la sévérité de l'environnement. Des effets de guidage de l'onde dans des couloirs ou des tunnels peuvent conduire à des valeurs meilleures que l'espace libre, mais dans la plupart des cas où de nombreux obstacles interviennent, on trouvera des valeurs plus élevées. Dans des bâtiments par exemple (communications *indoor*), on trouvera des exposants moyens de l'ordre de 3 ou 4, ce qui signifie que la puissance moyenne reçue décroîtra beaucoup plus vite qu'en espace libre en fonction de la distance.

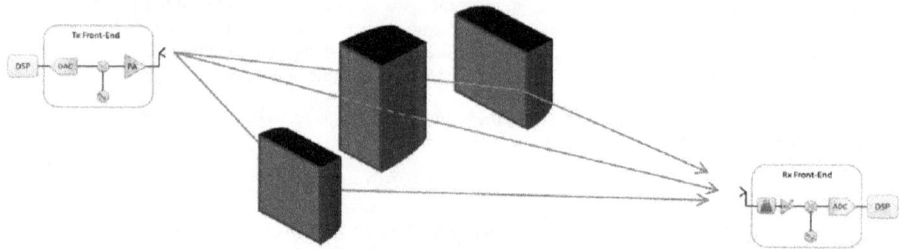

Figure 7.   Représentation des effets de masque et des multi-trajet.

Enfin, dans cette expression deux atténuations supplémentaires sont considérées : $\alpha_{shadowing}$ qui représente l'influence des effets de masque sur la puissance moyenne reçue, et α_{fading} qui représente l'impact des évanouissements dus aux trajets multiples.

Les effets de masque ont généralement des variations spatiales et temporelles lentes, ce qui peut avoir par exemple pour conséquence que deux récepteurs proches ou deux antennes sur un même récepteur vont être soumis à des paramètres de masquage identiques ou fortement corrélés. Par contre, le fading est lié aux multi-trajet, conséquences des réflexions, transmissions, réfractions, diffusions et diffractions des ondes électromagnétiques lors de leur propagation. Les différentes copies du même signal émis vont donc se combiner au niveau du récepteur de manière plus ou moins cohérente en fonction de l'hétérogénéité du milieu de propagation. Le niveau de puissance reçue varie alors beaucoup plus rapidement (spatialement comme temporellement) et dès lors on observe plus facilement une très forte décorrélation des signaux entre plusieurs points de collecte ou à plusieurs instants. Bien entendu, plus l'environnement est hétérogène et plus les émetteurs/récepteurs sont mobiles, plus on observera un fading important.

L'effet combiné du *pathloss*, du *shadowing* et du *fading* conduit à de très fortes variations potentielles de la puissance reçue en fonction de la distance (exemple sur la Figure 8). Cela va engendrer une augmentation de la dynamique des signaux reçus, et donc la nécessité d'un contrôle constant du gain de la chaîne de réception, ainsi que si possible un contrôle en boucle fermé de la puissance d'émission. Néanmoins, les standards de communication sont définis de manière à minimiser l'impact des fluctuations rapides (type *fading*) en tenant compte notamment du temps de cohérence typique du canal radio utilisé pour le dimensionnement des paquets d'information transmis, ou par l'utilisation de techniques multi-porteuse comme l'OFDM.

Cette formule de Friis nettement plus détaillée permet dès lors une représentation plus réaliste de la qualité d'un lien radio point à point, même si cela reste une représentation très moyenne et statique. De nombreux travaux ont été menés depuis des décennies pour offrir des valeurs représentatives des différents paramètres en fonction des environnements de communication et des bandes de fréquences utilisées. Nous allons voir dans la section suivante les principaux modèles théoriques qui en découlent.

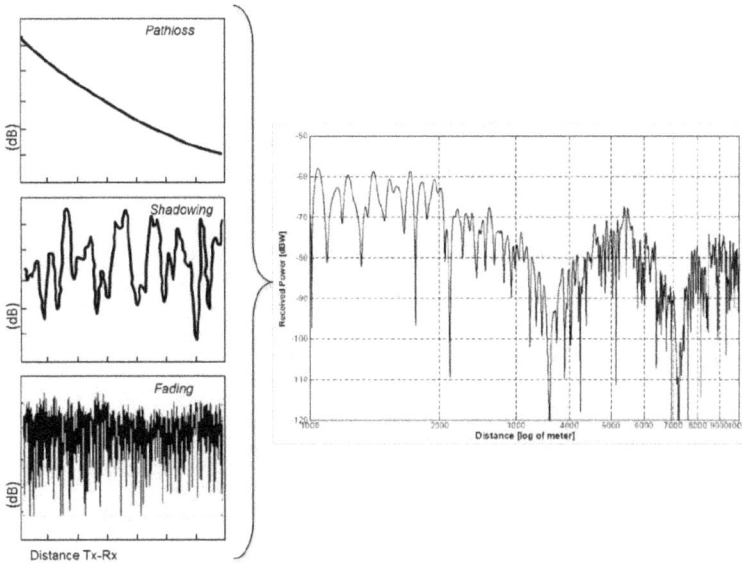

Figure 8.   *Puissance reçue en fonction de la distance du lien radio, combinaison des effets de pathloss,*
shadowing et fading.

2.3.2   Modèles théoriques et empiriques
Dans le domaine global des réseaux sans fil, les différentes communautés scientifiques traitant des différentes couches du célèbre modèle OSI, bien que travaillant de plus en plus de manière concertée, n'utilisent pas toutes les mêmes outils, car n'ont pas toutes les mêmes besoins ou les mêmes contraintes. Quand il s'agit de définir des bornes théoriques ou des critères d'optimisation, des formulations simples des liens radios entre chacun des nombreux nœuds communicants sont souvent préférables pour pouvoir résoudre analytiquement le problème.

Pour cela, le modèle du disque unitaire a longtemps été (et est toujours) très utilisé. Ce modèle est notamment très utilisé pour définir la connectivité dans un réseau de grande dimension, en synthèse évaluer quels sont les liens possibles entre les différents nœuds radio d'un réseau distribué. Ce modèle géométrique très simple se base sur une formulation de Friis telle qu'en (1) ou (18). En fonction du standard de communication utilisé (couche physique du réseau PHY), et donc de la puissance d'émission maximale autorisée, on détermine la portée maximale du système R, soit par rapport à une contrainte de puissance de réception seuil, soit par rapport à un SNR minimal. Dès lors pour chaque nœud, tous les autres nœuds à une distance inférieure à R sont considérés connectés, tous les autres hors de portée. On observe donc des disques de rayon R autour de chaque nœud représentant la zone de connectivité. Cette approche ne permet donc de rendre compte que d'un réseau théorique qui serait dans un environnement parfaitement homogène et statique.

Outre le critère de connectivité, un autre critère est classiquement utilisé pour caractériser les liens radios : la capacité de Shannon. Cette capacité s'exprime ainsi :

$$C = BW.\,log_2(1 + SNR) \text{ en bit/seconde} \tag{19}$$

où BW est la bande passante en Hertz et SNR le rapport signal à bruit en réception.

Si on reprend l'hypothèse du simple bruit thermique vu en (2) et donc du SNR défini en (3), on peut donc définir la capacité du lien radio à partir de la formule de Friis et de la bande passante allouée au système. Cette capacité donne la borne théorique du débit binaire maximal que l'on peut atteindre pour une bande passante allouée et un SNR donné. Cela correspond à l'hypothèse AWGN, c'est-à-dire supposant un signal reçu en présence d'un bruit blanc additif gaussien.

Modèles probabilistes
      Si l'on veut améliorer le réalisme d'une telle représentation, on peut utiliser une formule de Friis plus détaillée comme en (18), tenant compte des phénomènes de *shadowing* et de *fading*. Mais au-delà, on utilisera généralement une évaluation statistique de ce lien radio pour mieux rendre compte des fluctuations du canal. Le *shadowing* variant lentement, il est généralement considéré constant, et c'est donc une loi de distribution des valeurs de puissances reçues liées aux effets de *fading* qui est prise en compte.

Ces lois dépendent principalement de la visibilité directe ou non entre l'émetteur et le récepteur : cas LOS (*line-of-sight* vue directe entre Tx et Rx), ou cas NLOS (*non-light-of-sight* pas de vue directe). Dans une configuration purement NLOS, où la communication s'établit donc uniquement par des trajets indirects, la distribution des puissances tend vers une loi de Rayleigh :

$$p(\alpha) = \frac{2\alpha}{E(\alpha^2)} exp\left(-\frac{\alpha^2}{E(\alpha^2)}\right) \tag{20}$$

Dans une configuration LOS, on peut utiliser une loi de Rice :

$$p(\alpha) = \frac{2(1+K)e^{-K}\alpha}{E(\alpha^2)} exp\left(-\frac{(1+K)\alpha^2}{E(\alpha^2)}\right) I_0\left(2\alpha\sqrt{\frac{K(1+K)}{E(\alpha^2)}}\right) \tag{21}$$

avec Io la fonction de Bessel modifiée de première espèce d'ordre 0. K est le paramètre de Rice, correspondant au rapport entre la puissance de la composante spéculaire (ou trajet) et la puissance de la composante diffuse constituée par les multiples trajets indirects. Ce paramètre K peut varier entre 0 et l'infini. Dans le cas K=0, la composante spéculaire disparait et l'on retrouve une distribution de Rayleigh, et dans le cas de K tendant vers l'infini, les multi-trajet deviennent négligeables et l'on retrouve un canal AWGN.

Enfin une autre loi très utilisée car permettant de décrire un plus large panel encore de canaux à évanouissement est la loi de Nakagami-m :

$$p(\alpha) = \frac{2m^m\alpha^{2m-1}}{(E(\alpha^2))^m \Gamma(m)} exp\left(-\frac{m\alpha^2}{E(\alpha^2)}\right) \tag{22}$$

avec Γ la fonction Gamma, et m le paramètre d'évanouissement de Nakagami. Ce paramètre peut varier de 0.5 correspondant à un canal mono-latéral, jusqu'à l'infini, correspondant là aussi au canal AWGN, en passant par un canal de Rayleigh pour m=1.

D'autres lois peuvent être utilisées (Weibull, Gamma ou lois composites), choisies en fonction de leur bonne adéquation avec des résultats de campagnes de mesures sur le terrain. Mais quelle que soit la formulation choisie, cette approche probabiliste permet de déformer grandement le modèle à disque pour former des zones de connectivité beaucoup moins régulières, variantes dans le temps, mais également une capacité du canal variable dans l'espace et dans le temps.

Modèles empiriques

Dans l'ingénierie des réseaux cellulaires se sont développés également des modèles empiriques permettant d'approcher le comportement du canal radio par la définition de modèles simples correspondant aux statistiques mesurées dans des environnements de référence. Le plus célèbre d'entre eux est sans doute celui d'Okumura-Hata qui a été établi pour la deuxième génération de téléphonie mobile [Hata80]. Basé sur des campagnes de mesures effectuées à Tokyo par Okumura en 1968 [Okum68], Hata a développé en 1980 un modèle simple permettant d'évaluer l'atténuation du lien radio pour des fréquences de 150 à 1500 MHz. Ces modèles ne visent pas à rendre compte des phénomènes physiques mis en œuvre dans le canal radio, mais à donner une expression facilement manipulable (et donc aisément calculable) de l'atténuation du canal entre un émetteur et un récepteur. Ces modèles sont donnés pour un type d'environnement fixé, pour une gamme de fréquences précise et sont établis en fonction d'un nombre de paramètres réduit : généralement l'atténuation est calculée en fonction de la distance, de la fréquence du signal (porteuse RF), de la hauteur de l'émetteur et de la hauteur du récepteur.

On peut donner comme exemple de ce type de modèle, celui très largement utilisé pour les fréquences de 1.5 à 2 GHz : le modèle COST 231- Hata [COST231] :

$$P_{L,urban}(d)_{[dB]} = 46.3 + 33.9\log(f_c) - 13.82\log(h_t) - a(h_r) + (44.9 - 6.55\log(h_t))\log(d) + C_M \tag{23}$$

où d est la distance émetteur-récepteur, f_c la fréquence de la porteuse, h_t la hauteur de l'émetteur, h_r la hauteur du récepteur. Ici, $a(h_t)$ est un facteur de correction de cette atténuation d'espace en fonction de la hauteur du récepteur et C_M un facteur global de correction en fonction du type d'agglomération (de 0 à 3 dB).

Ce modèle a été développé par l'action 231 du COST à partir du modèle initial d'Hata. De même le modèle COST 231 – WI a été établi en intégrant les modèles proposés par Walfisch et Ikegami [Walf88], permettant d'ajouter des paramètres tels que la hauteur moyenne des bâtiments, la largeur des routes, la distance entre bâtiments, etc…

Bien entendu, nombre d'autres modèles empiriques existent, chaque nouvelle bande de fréquence utilisée et chaque nouveau type de réseau (opérés, ad hoc, macrocell, picocell, femtocell, etc…) requérant de nouvelles campagnes de mesures et de nouveaux paramètres d'ajustement. On peut citer notamment les modèles de l'ITU [3GPP] intégrant la dimension temporelle des multitrajets ou les modèles d'Erceg [Erce99] et les modèles SUI de Stanford [Erce01] qui ajoutent des modèles probabilistes de shadowing et de fading. Tous ces modèles permettent une évaluation relativement simple et rapide du potentiel de couverture d'un système radio mais avec une précision somme toute faible et surtout une vision purement moyenne du comportement ne permettant pas une capture optimale de la qualité du lien radio dans une zone donnée. De plus, dans les modèles précités, seul les modèles SUI intègrent la prise en compte de systèmes multi-antenne (MIMO, SIMO ou SISO).

2.3.3   Outils de simulations

Pour simuler les performances d'un réseau radio, différents types d'outils existent, que l'on peut diviser en trois grandes catégories : outils de prédiction du lien radio, de simulation système et de simulation réseau. Parmi les outils de prédiction du lien radio, nous allons voir deux sous-catégories principales : les outils modélisant réellement la propagation des ondes radio (dits déterministes) et les outils prédisant le comportement stochastique du lien. A l'opposé les outils de simulation réseau permettent une prise en compte de toutes les couches du modèle OSI pour évaluer les performances d'un réseau mais généralement basé sur une modélisation très simple du lien radio. Enfin les outils de simulation système permettent de prendre en compte les différents blocs fonctionnels intervenant dans une transmission sans fil.

Outils déterministes de prédiction de propagation

Les outils de simulation de la propagation des ondes radio permettent de prendre en compte de la manière la plus réaliste possible le comportement des ondes électromagnétiques (EM) en fonction des obstacles rencontrés entre l'émetteur et le récepteur. Les équations de Maxwell régissant ce comportement des champs EM en fonction des sources et des milieux rencontrés (conductivité, perméabilité, permittivité) sont alors résolues de manière discrète ou asymptotique. On divise généralement ces outils en deux grandes catégories liées justement à la façon de résoudre ces équations : les méthodes discrètes et les méthodes d'optique géométrique.

Pour les méthodes discrètes, la plus connue d'entre elles est certainement la méthode des différences finies dans le domaine temporel ou FDTD (*Finite difference in time domain*) [Tafl05]. Cette méthode se base, comme son nom l'indique, sur une discrétisation à la fois spatiale et temporelle du système, c'est-à-dire sur un découpage de l'environnement en cellules élémentaires de taille petite par rapport à la longueur d'onde du signal associé à une itération temporelle permettant d'établir les échanges entre toutes les cellules de l'environnement jusqu'à stabilisation globale du système. Cette approche, très précise, entraine cependant très rapidement une charge de calcul prohibitive quand l'espace à modéliser devient très grand par rapport à la longueur d'onde. La FDTD est dès lors plus souvent utilisée dans les simulations EM de petits domaines, à savoir pour la modélisation précise des antennes par exemple en présence de leur voisinage direct. Néanmoins, certains travaux ont proposé l'utilisation directe de la FDTD pour la propagation dans de grands environnements, en travaillant sur de fausses fréquences du signal (*fake-frequency*) et sur des méthodes d'optimisation matérielle du calcul. D'autres approches discrètes sont également utilisées, comme les méthodes de type TLM (transmission-line matrices) ou ParFlow [Chop97] qui divisent l'environnement en lignes ou grilles et calculent les échanges de flux entre les différents points de ces grilles. Dans ce cas également le pas de la grille doit être faible par rapport à la longueur d'onde du signal, mais ces formulations permettent une parallélisation aisée du calcul. Particulièrement, la transposition du modèle ParFlow, initialement temporel, dans le domaine fréquentiel proposée par Gorce [Gorc07], associée à une approche de calcul multi-résolution, a permis d'améliorer plus que significativement le compromis précision-charge de calcul pour ce type de simulateur. Cette approche est à la base de nombreux travaux décrits plus avant dans ce document.

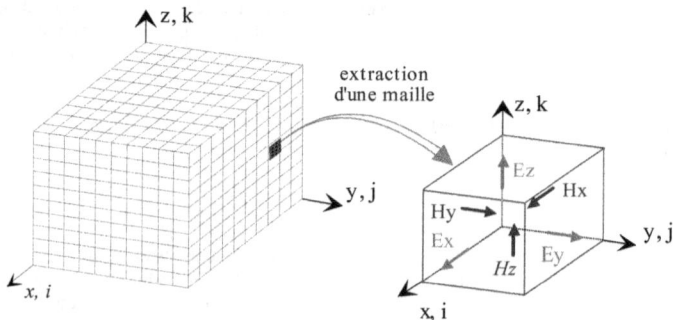

Figure 9.   Discrétisation spatiale et calcul des champs EM en FDTD.

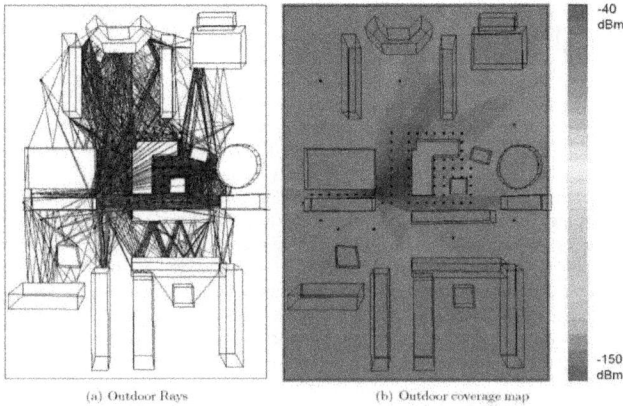

(a) Outdoor Rays   (b) Outdoor coverage map

Figure 10.   Exemple de simulations basées sur les rayons.

Les méthodes basées sur l'optique géométrique sont le lancer de rayons et le tracé de rayons [McK91]. Elles représentent la majorité des logiciels commerciaux de prédiction de couverture radio. Toutes deux sont basées sur la représentation de la propagation des ondes radio sous forme de raies, c'est-à-dire d'un certain nombre de trajets discrets du champ EM pouvant aller directement de l'émetteur vers le récepteur, ou bien par transmission, réfraction ou réflexion. De plus, ces méthodes intègrent généralement aussi la théorie générale de la diffraction (GTD) pour modéliser l'effet de diffractions dues aux arêtes par exemple. La principale différence entre lancer de rayons et tracé de rayons est que la première est basée sur l'émetteur alors que la seconde l'est sur le récepteur. Le lancer de rayons modélise l'émetteur comme une source de raies partant dans toutes les directions (avec donc un pas angulaire défini) qui vont se propager en ligne droite jusqu'à rencontrer des obstacles (murs, bâtiments, etc…) où les lois de réflexion, transmission, diffraction sont calculées. Ainsi, une couverture de la zone peut être établie en sommant en tout point la contribution de tous les trajets provenant de l'émetteur. Le tracé de rayons applique la logique inverse, à savoir que le processus démarre du récepteur et calcule en sens inverse tous les trajets qui peuvent y parvenir en remontant vers la source. Cette approche évite alors quand on veut évaluer le signal reçu en un point précis de calculer la propagation de rayons ne pouvant jamais arriver au récepteur. Que ce soit pour l'une ou l'autre de ces deux approches, la limitation principale est d'arriver à définir le bon compromis entre le nombre de rayons calculés, le nombre de réflexions et de diffractions prises en comptes, et la précision du résultat attendue. Bien évidemment, plus on souhaitera un résultat précis, plus il faudra une modélisation précise de l'environnement, et une modélisation d'un grand nombre de rayons avec nombre de réflexions et diffractions. Cela au prix d'un accroissement de la charge de calcul (également fortement lié à la complexité de l'environnement).

Outils stochastiques et stochastiques-géométriques

Au contraire des modèles déterministes, les modèles stochastiques de canaux MIMO peuvent permettre de décrire efficacement le comportement des liens radios à partir d'un nombre limité de paramètres. La complexité de calcul va alors dépendre du type de système, d'environnement et d'architecture de réseau visés. Deux approches principales existent : les modèles purement analytiques et les modèles physiques. Les premiers utilisent une description mathématique sous forme matricielle de tous les canaux entre les multiples antennes à l'émission et les multiples antennes à la réception (incluant l'influence des antennes en elles-mêmes). On peut citer des modèles comme celui du 802.11n (*tapped angular-delay line model*), le modèle de Kronecker (*correlation-based model*) ou le modèle de

Weichselberger (*eigenspacebased model*). Les modèles physiques caractérisent le lien radio mais de manière beaucoup plus simple que dans les modèles déterministes : en termes de retard, direction de départ, direction d'arrivée et poids complexe de chaque trajet, et ce en fonction de la polarisation considérée. Ces modèles sont indépendants des antennes utilisées et peuvent être directement combinés avec les diagrammes de rayonnement de ces antennes. Les modèles du COST 259 [COST259], du COST 273 [COST273] et le 3GPP SCM [3GPP] utilisent cette approche. Mais au-delà de l'approche purement physique, les dernières générations de modèles abordent une approche combinée stochastique et géométrique. Ces modèles GSCM (*Geometry-based stochastic channel models*) utilisent une description explicite de la géométrie des diffuseurs, c'est-à-dire des objets dans l'environnement de communication à l'origine des composants multi-trajet du canal de transmission (MPC pour *multi-path components*). Suivant les modèles, un ou plusieurs diffuseurs peuvent être pris en compte, de même que des diffuseurs couplés (présentant les mêmes valeurs de retards et de direction d'arrivée et de départ, regroupés en *clusters*) ou encore des clusters jumeaux. Les modèles GSCM les plus récents (et de fait les plus riches mais en même temps plus complexes) sont les modèles WINNER II [WinII] et COST2100 [COST2100]. Ces modèles permettent une prise en compte accrue des variations temporelles des liens radio, de la corrélation des liens radio multiples et de la polarisation de chaque composant du canal multi-trajet.

Outils de simulation réseau

Les outils cités précédemment permettent une modélisation fine du lien physique entre émetteur et récepteur à plus ou moins large échelle, mais ils ne tiennent pas compte des mécanismes liés aux différentes couches du réseau en lui-même. En effet, la mise en œuvre d'une communication fait appel aux différents niveaux du modèle OSI, et particulièrement les performances des couches 1 et 2 dépendent directement de la qualité du lien radio. Les simulateurs de type réseau (comme Opnet, NS2/NS3, Wsnet, etc…) modélisent dès lors le comportement de ces différentes couches OSI, mais avec généralement une prise en compte très simple du lien radio.

Principalement, les simulateurs réseaux fonctionnent à temps discrets ou basés sur un pilotage par événements. Chaque transmission est formée par des envois de trames (ou paquets) successives contenant les données, ainsi que les en-têtes nécessaires. Dans un réseau où un grand nombre de communications peut exister, à chaque itération temporelle ou à chaque nouvel envoi de paquet le simulateur va ainsi évaluer pour chaque récepteur la qualité du signal reçu en termes de rapport signal à bruit. Comme beaucoup de communications peuvent coexister, des signaux interférents peuvent également être présents au même instant. Ces simulateurs vont donc se baser sur une estimation de la puissance reçue à chaque temps de simulation par rapport au bruit thermique théorique. Cette estimation de puissance pourra alors être basée sur l'utilisation d'un simple bilan de liaison (comme en (1)), ou comme cités précédemment sur des modèles empiriques, déterministes, stochastiques, etc…

Etant généralement destinés à modéliser le comportement d'un très grand nombre de nœuds, la configuration de base de ces simulateurs utilise usuellement des modèles très simples n'intégrant que l'effet du *pathloss*. Cette approche est connue comme l'utilisation du modèle à disque, c'est-à-dire supposant que chaque nœud radio possède une portée de communication uniforme dans le plan, dont le rayon dépend uniquement du *pathloss*, est identique pour chaque nœud et reste constant dans le temps. Cependant, cette approche, bien que très pratique pour comparer des performances théoriques à des résultats de simulation, reste très éloignée de la réalité, particulièrement dans des environnements complexes et en présence de mobilité. Une première étape vers plus de réalisme est alors de recourir à une modélisation intégrant le *shadowing* et le *fading* (comme en (18)). Dès lors, une valeur différente de *shadowing* peut être attribuée par exemple à chaque lien radio, puis une valeur de *fading* calculée à chaque réception d'un paquet. Le taux d'erreur pourra alors fortement varier d'une transmission à l'autre et ainsi permettre une meilleure prise en compte de la mobilité.

Un des gros intérêts de ces simulateurs est la possibilité de tester les performances de réseaux à large échelle, et de prendre en compte l'influence des mécanismes MAC pouvant impacter fortement le débit réel d'une communication (en opposition au débit théorique optimal ne dépendant que du SNR brut). L'influence des phénomènes d'écoute passive, de réémission de paquets, de configurations spécifiques (chaîne, nœud caché, etc...) ne peut être évaluée que par le recours à ces outils spécifiques.

Outils de simulation système

Comment souvent, la même appellation de « simulateur système » peut être employée par différentes communautés, et ne désignera de fait pas le même type d'outil suivant les cas. On distingue principalement deux types de simulateurs système : ceux modélisant l'architecture du réseau d'accès (couches 1&2, voir 3 du modèle OSI), et ceux modélisant le système physique de transmission (l'architecture interne des émetteurs/récepteurs).

Un exemple illustrant la première catégorie est le simulateur développé par l'Université Technique de Vienne (TUWien [TUW]) permettant une simulation de type *Link-level/system-level* : pour évaluer par exemple les performances d'un système de téléphonie de type LTE, on peut configurer l'ensemble des paramètres des stations de base et des terminaux utilisateurs d'un point de vue fonctionnel : fréquences, nombre de canaux, puissance, type de codage et modulation, nombre sous-porteuses, technique d'allocation de ressources, etc... Par contre, aucune modélisation physique du signal à proprement parlé n'est faite, uniquement une évaluation du taux d'erreur pour chaque transmission. Il s'agit donc d'un sous-type de simulateur réseau dédié à un domaine d'application particulier.

Pour illustrer la seconde catégorie, on peut citer ADS Ptolemy, Matlab Simulink ou Labview. Ces simulateurs utilisent une description sous forme de blocs fonctionnels reliés entre eux permettant de modéliser les différentes étapes de modification du signal radio entre les bits d'information initiaux (flux de données), leur mise en forme en bande de base (codage, modulation, etc...), leur transposition en fréquence et leur émission dans l'environnement. De même, les étapes successives de réception de ce signal jusqu'à la reconstruction des bits d'information peuvent être modélisées. On obtient donc une retranscription physique de l'influence des architectures matérielles (comme décrites au 2.2.2.3) sur les performances du lien radio.

Outils hybrides

Chacun des types d'outils de simulation décrits jusqu'ici permettent de résoudre une partie du problème de manière très précise, mais au prix d'hypothèses souvent très fortes et simplificatrices sur d'autres parties du système complet. Il semblerait alors idéal de concevoir un simulateur réseau intégrant une description fine du système et des architectures matérielles, et offrant un module de calcul déterministe de la propagation radio tout en décrivant de manière stochastique les variations du lien. Outre bien entendu le fait que pour un réseau large échelle ce type de modélisation pousserait à des temps (et volumes) de calcul prohibitifs, il est permis de s'interroger sur la pertinence d'un réalisme trop poussé de la modélisation. Le but de ces simulateurs doit rester de donner des bornes de performance et de permettre une évaluation relative du potentiel de nouvelles approches (matérielles, algorithmiques, etc...). Néanmoins, on peut relever quelques exemples de couplages de méthodes permettant des compromis intéressants : [Roche07-2] et [Peir09] proposent des solutions pour ajouter une analyse statistique à un outil déterministe de propagation des ondes radio. Nous reprendrons cette approche par la suite pour permettre à partir d'un outil déterministe de prédire la capacité d'une liaison sans fil de manière bien plus précise qu'une simple évaluation de la puissance moyenne. De même, une bonne estimation de la qualité d'une communication radio peut se baser sur l'association d'un simulateur réseau avec un modèle de lien radio précis. Une étude très intéressante utilisant l'extraction du comportement du lien radio à partir de campagnes de mesures pour alimenter le simulateur réseau GloMoSim [Glomosim, Glomo2] est décrite dans [Zhou06]. Dans le même esprit, [Ana07] étudie des liens 802.11 à travers des mesures effectuées pour construire un modèle à base de chaînes de Markov pour évaluer les performances de ce type de réseaux.

2.3.4   Mesures des performances

Comme nous venons de le voir dans la partie précédente, toute modélisation ou tout simulateur se base ou est validé par des campagnes de mesure. Avant de mettre en exploitation un réseau radio, les performances réelles doivent également être éprouvées. Il existe donc plusieurs types de campagnes de mesures : des campagnes d'analyse théorique du lien radio (comme le sondage de canal), des campagnes d'évaluation de la couverture d'un réseau (mesure des puissances reçues dans une zone géographique), des tests des systèmes de transmissions, des tests opérationnels, et des plateformes de tests dédiés ou reconfigurables. Comme il serait fastidieux (et pour tout dire inutile) de lister tous les systèmes de tests existants, nous allons juste pointer ici quelques points clés de ces différentes catégories. Trois d'entre elles (sondage de canal, test de chaine de transmission et plateforme reconfigurable, seront utilisées et décrites plus en détail au chapitre 2.4).

Etude de couverture et sondage de canal

L'étude de couverture est une simple mesure de la puissance reçue en tout point d'une zone géographique. Elle est généralement dédiée à un standard de communication donné et permet de valider le fait que tous les utilisateurs d'une zone sont, en moyenne, couverts par le réseau. Il s'agit bien d'une mesure moyenne de la puissance reçue à partir d'un ou plusieurs émetteurs, ce qui ne donne pas d'information directe sur les effets de *fading*. Pour les opérateurs cela permet de garantir la couverture du territoire avec un niveau de qualité de service (QoS) donné, référencé directement en fonction du niveau de réception. Cela permet également d'avoir une information sur le niveau d'interférence entre cellules voisines et ainsi d'optimiser la planification des ressources fréquentielles. Ces mesures de couvertures servent aussi de base de données pour la création de modèles empiriques ou de base d'étalonnage ou d'estimation de la qualité de prédiction pour des modèles déterministes.

Le sondage de canal est une étude du comportement du canal radio, qui peut être décrite dans le domaine temporel, fréquentiel ou spatial. Il ne s'agit donc pas là de simplement relever une valeur de puissance moyenne, mais d'avoir une vision fine de l'évolution de cette puissance dans le temps, en fréquence ou dans l'espace. Ces mesures permettent alors une analyse poussée du comportement du lien, apportant l'information sur le *shadowing* et le *fading*, mais également sur les retards des différents trajets d'un canal multi-trajet, sur le temps de cohérence ou la bande de cohérence du canal. Ces données sont particulièrement utiles pour la conception des standards de communication (définition des temps de trames, des largeurs de canaux, des profondeurs des égaliseurs, etc...). Pour les systèmes de communication les plus récents, utilisant des technologies multi-antenne (voir en 2.3.3), des sondeurs de canaux à antennes multiples permettent d'analyser plus profondément les corrélations entre divers canaux (toujours en temps, en fréquence mais aussi en espace ou en polarisation). On peut citer notamment le célèbre sondeur RUSK MEDAV permettant d'atteindre des configurations avec 32 antennes à l'émission et 64 en réception [Rusk]. Deux types principaux de sondeurs existent : ceux travaillant dans le domaine fréquentiel (basés sur des analyseurs de réseaux vectoriels) qui vont permettre une analyse sur une large bande de fréquence mais avec un temps de balayage temporel non négligeable, et ceux travaillant dans le domaine temporel (basés sur des analyseurs de spectre vectoriels ou sur des oscilloscopes numériques) autorisant un suivi très fin des évolutions temporelles du canal mais généralement sur une bande de fréquence limitée et sur une durée assez courte.

Plateformes matérielles de tests

Des tests basés plus sur une vision « système » de la transmission radio se basent sur des plateformes permettant de recréer le comportement complet de la chaîne de transmission ou du réseau dans son ensemble. Au niveau de la conception de ces systèmes, on aura généralement recours à du matériel de mesure générique, comme les analyseurs de réseaux ou les analyseurs de spectres (côté récepteur) et des générateurs d'ondes arbitraires (côté source). Ces outils, qui peuvent être couplés à des logiciels de simulation système, offrent la possibilité de tester la robustesse ou le débit d'une communication en environnement réel, sans avoir à réaliser physiquement l'ensemble des émetteurs et/ou récepteurs (voir par exemple en 2.4.1.4). Pour des tests plus opérationnels, sur la vie et l'optimisation d'un réseau existant, on aura plutôt recours à du matériel dédié, tel que des mobiles traceurs, qui permettent d'avoir le comportement réel d'un terminal tout en ayant accès à des informations détaillées à tous les niveaux de l'architecture. Enfin, de nouvelles solutions intermédiaires se développent de plus en plus : des plateformes basées sur des terminaux à radio logicielle. Ces solutions, bien moins coûteuses que les plateformes génériques, permettent de tester de multiples configurations en programmant ces nœuds pour communiquer dans le standard souhaité, sans avoir pour autant à développer un prototype spécifique. L'intérêt est grand dans un cycle de développement (très coûteux dans le domaine des télécoms) de pouvoir évaluer rapidement dans un environnement réaliste les performances d'un nouveau réseau sans fil sans déploiement initial (voir 2.5.2).

2.4 Synthèse sur le lien radio

Le problème est donc vaste : optimiser les performances d'un réseau sans fil demande une vision globale et de nombreux outils logiciels comme matériels. Mon but ici n'est pas de prétendre avoir traité en détail l'ensemble de ces problématiques, mais bien de situer le contexte : traiter le sujet des interfaces radios multiples avec une approche système, en intégrant les aspects analogiques et numériques, en connaissance du comportement du canal radio mais également de l'influence des autres couches du réseau. Egalement, mon approche se veut basée sur un cycle théorie-simulation-expérimentation, donc liée aux outils du domaine. La métrique que j'ai privilégiée au cours de mes travaux est le taux d'erreur binaire (ou *bit error* rate, BER). Elle permet, sur une visualisation complète d'une transmission, de représenter au final, en fonction de tous les paramètres entrant en jeu dans cette transmission, le nombre d'erreurs que l'on va obtenir, et de fait la QoS que l'on peut garantir. Elle peut permettre de remonter au taux d'erreur paquet (PER), et donc de donner au niveau supérieur du réseau le nombre de paquets perdus ou les retransmissions à effectuer, mais elle permet également de servir de référence si l'on veut évaluer l'efficacité énergétique d'un système ou encore les degrés de tolérance sur une architecture. Pour des architectures reconfigurables ou flexibles, cette métrique peut également servir de référence pour choisir de basculer d'un standard à un autre, d'un canal à un autre, d'une modulation à une autre, etc... Les choix entre débit, robustesse, efficacité spectrale ou efficacité énergétique pourront être fait sur des critères de BER seuil.

Sélection de publications

Chapitres de livre

[Lai13] Z. LAI, G. VILLEMAUD, M. LUO, J. ZHANG, "Radio Propagation Modeling", included in "Heterogeneous Cellular Networks: Theory, Simulation and Deployment", Ed. Cambridge, July 2013.

[Burr12] A. BURR, I. BURCIU, P. CHAMBERS,T. JAVORNIK, K. KANSANEN, J. OLMOS, C. PIETSCH, J. SYKORA, W. TEICH, G. VILLEMAUD, "MIMO and Next Generation Systems", included in "Pervasive Mobile and Ambient Wireless Communications", Ed. Springer, 2012.

[Gorc09] J.-M. GORCE, G. VILLEMAUD, P. MARY, "Couche Physique et Antennes", inclus dans "Réseaux de capteurs : théorie et modélisation", Ed. Hermès, May 2009.

Présentations invité

[Vill05-2] G. VILLEMAUD, "Antennes pour les réseaux de capteurs : contraintes d'intégration et potentiels des techniques multi-antennes", Workshop CNRS RECAP-Réseaux de capteurs, Nice, novembre 2005.

[Vill12-3] G. VILLEMAUD, "Coverage Prediction for Heterogeneous Networks: From Macrocells to Femtocells", Femtocell Winter School, Barcelone, Espagne, février 2012.

3. Coexistence des interfaces radios

Suite à l'exposé des contraintes et outils de conception du lien radio point à point, cette partie souligne la problématique de la coexistence de multiples interfaces radio dans un même environnement. Cette coexistence est gérée pour un seul et même standard par des politiques de partage d'accès, mais cela ne garantit pas pour autant une absence totale d'interférence, que ce soit dans le même standard ou par des standards concurrents. Le principe de diversité permet d'améliorer les performances du lien de communication, particulièrement dans ce contexte de systèmes interférents. Les approches de réjection d'interférence sont alors abordées, avec une première présentation de nos contributions dans le domaine. Au-delà, le problème spécifique de la réjection spatiale est présenté et nous permet d'ouvrir sur la problématique plus globale de la conception de systèmes multi-.*

3.1 Le partage de ressources : ouverture vers le multi-standard

Etablir un lien radio de qualité entre un point A et un point B n'est bien entendu pas le seul problème. Dans la pratique les réseaux radio peuvent desservir un très grand nombre d'utilisateurs, il faut dès lors établir des règles de partage de la précieuse ressource spectrale afin que chaque utilisateur puisse obtenir une liaison correcte. Pour chaque type de communication, les instances réglementaires établissent les bandes de fréquences, les puissances, les taux d'occupation, etc... Dans le respect de ces réglementations, les méthodes d'accès doivent définir comment chaque utilisateur va pouvoir accéder à la ressource. Les méthodes d'accès les plus connues sont le TDMA, le FDMA et le CDMA. Le TDMA (*Time Division Multiple Access* ou accès multiple à partage dans le temps) donne accès à un canal fréquentiel à plusieurs utilisateurs successivement au cours du temps. Cette méthode suppose dès lors une bonne synchronisation des différents utilisateurs d'une même zone. Le FDMA (*Frequency Division Multiple Access* ou accès multiple à partage en fréquence) donne accès au même instant à plusieurs utilisateurs mais sur des canaux fréquentiels distincts. Cette méthode sera donc plus exigeante sur le respect des gabarits fréquentiels des émissions de chaque utilisateur. Enfin, le CDMA (*Code Division Multiple Access* ou accès multiple à partage par code) permet à chaque utilisateur d'accéder au canal au même instant et à la même fréquence, mais chacun des signaux des utilisateurs utilise un code d'étalement spécifique dans une base de codes orthogonaux. Cette méthode, de par la méthode d'étalement, requière des canaux fréquentiels plus larges, et globalement permet de gérer un nombre d'utilisateur dépendant du type (et de la longueur) des codes utilisés.

Logiquement, ces diverses méthodes peuvent être combinées pour partager la ressource à la fois dans le temps, les fréquences ou par code (voir Figure 11). A titre d'exemple, le GSM utilise une combinaison de TDMA et de FDMA, partageant la ressource globale en canaux fréquentiels, puis multiplexant dans le temps différents utilisateurs sur chaque canal fréquentiel.

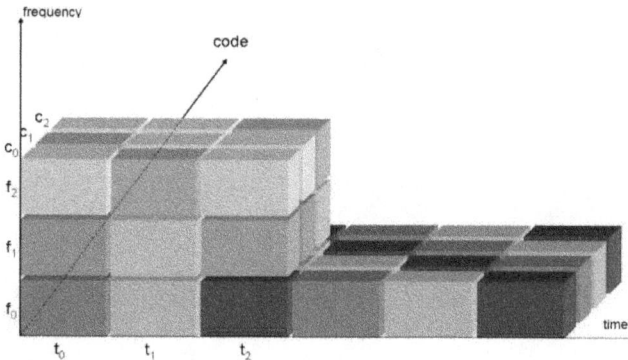

Figure 11.   Différentes possibilités classiques de partage de la ressource radio : en temps, en fréquence et par code.

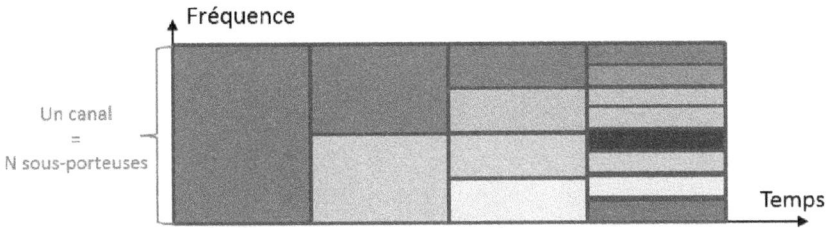

Figure 12.   Partage d'un canal fréquentiel en technique OFDMA : attribution de sous-porteuses à différents utilisateurs.

D'autres techniques d'accès ont également vu le jour plus récemment comme l'OFDMA et le SDMA. L'OFDMA (pour *Orthogonal Frequency Division Multiple Access* ou accès multiple par partage en fréquences orthogonales, voir Figure 12) est une méthode dérivée de l'OFDM (*Orthogonal Frequency Division Multiplexing*) déjà utilisée dans de nombreux standards de communication. L'OFDM utilise un canal fréquentiel et le subdivise en N sous-porteuses régulièrement espacées, toutes orthogonales entre elles. Cette technique est basée sur la transformation d'un flux de données série (les bits d'information) en N flux parallèles (sur chaque sous-porteuse) et la création de symboles OFDM à partir d'une transformée de Fourier inverse. A l'origine donc, l'OFDM n'est qu'une méthode d'optimisation de l'efficacité spectrale pour une seule liaison point à point. L'OFDMA combine cette approche avec le fait qu'au sein d'un même symbole OFDM formé à partir d'un grand nombre de sous-porteuses (qui peut aller jusqu'à plusieurs milliers), les flux de chaque sous-porteuse peuvent être dédiés à différents utilisateurs. Ainsi, par exemple, une station de base d'un système 4G n'envoie qu'un seul signal pour l'ensemble des utilisateurs de sa cellule, ce signal contenant en parallèle les flux destinés à chacun (ce qui est dans la pratique en plus découpé temporellement en blocs de ressources).

La technique d'accès SDMA (*Spatial Division Multiple Access* ou accès multiple par partage d'espace) fait elle appel à des technologies multi-antenne. Comme l'OFDMA, elle suppose un réseau à architecture (de type cellulaire), où les stations de base possèdent un nombre important d'antennes. Au lieu que ce réseau d'antennes ne forme qu'un seul faisceau de couverture, le SDMA suppose qu'en fonction des positions des utilisateurs dans la cellule, différentes lois d'amplitudes et phases appliquées à chacune de ces antennes permettent de créer autant de diagrammes de rayonnement spécifiques dédiés (voir Figure 13). Ainsi, au même instant et sur le même canal, chaque utilisateur peut réutiliser la même ressource, car la station de base est capable de séparer spatialement les liens radios (en théorie, ce principe permet de gérer N-1 utilisateurs à partir d'un réseau de N antennes).

Bien entendu, ces différentes techniques servent à partager la ressource radio entre les utilisateurs d'une même zone géographique, plus ou moins restreinte en fonction du type de réseau. Dans les réseaux cellulaires par exemple, cette même ressource pourra être réutilisée dans d'autres cellules du même réseau, suffisamment éloignées. Alors, le critère de réutilisation dépendra du niveau d'interférence généré entre deux cellules partageant une même ressource.

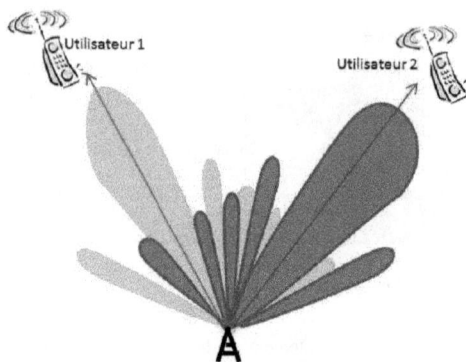

Figure 13.   *Partage de ressources dans une même zone à partir de formation de diagramme : technique*
SDMA.

3.2 La problématique des interférences

Comme nous venons de le voir, le partage de ressources est un enjeu crucial pour les réseaux sans fil. De même, nous avons vu auparavant que la qualité du lien radio dépend directement du SNR en réception pour un terminal radio. Mais considérer que l'estimation de la qualité du lien peut se baser uniquement sur le lien direct émetteur-récepteur et le niveau de bruit thermique serait une erreur dans la grande majorité des cas. En effet, en plus du bruit thermique, la qualité de démodulation d'un signal reçu va dépendre fortement du niveau d'interférence. L'interférence peut avoir des origines multiples. Elle peut être intra ou inter-standard. Intra-standard signifie que cette interférence vient d'un autre signal provenant du même standard de communication, qui peut être émis par un autre équipement du même réseau ou bien par un réseau concurrent cohabitant dans la même zone. L'interférence inter-standard va elle provenir d'un autre standard de communication utilisant la même bande de fréquence (ou une bande voisine) mais à la forme d'onde différente. L'exemple classique est la cohabitation dans la bande ISM à 2.45 GHz de plusieurs normes de communication, tels que les réseaux WiFi, le Bluetooth ou encore le ZigBee. D'autres interférents peuvent aussi provenir d'harmoniques de signaux utilisant des bandes différentes, mais à des puissances importantes, ou encore de couplages à l'intérieur même d'un terminal utilisant plusieurs standards de communication.

Dans tous les cas, il conviendra, pour estimer la qualité d'une communication, de raisonner en termes de SINR (*Signal to Interference plus Noise Ratio*, rapport signal à bruit plus interférence) et non plus seulement de SNR. Les différents signaux interférents viennent s'ajouter au bruit thermique et réduire ainsi la marge de démodulation du signal d'intérêt, ou en sens inverse ces interférences vont induire le besoin d'un niveau minimum de puissance reçue plus élevé pour une même qualité de démodulation. Alors, la grande différence entre les interférences intra et inter-standard est que les premières sont contrôlables voir prédictibles, alors que les secondes ne le sont pas. Dans les réseaux cellulaires, c'est bien ce critère de SINR cible (par rapport à une QoS visée) qui est à la base de la planification des ressources entre les différentes stations de base qui couvrent une zone géographique. Dans les derniers développements des systèmes de téléphonie mobile, le principe du *reuse 1* (réutilisation d'ordre 1) permet de réutiliser la même ressource dans deux cellules adjacentes à condition de maîtriser en amont l'interférence générée [Garc12].

Pour les interférences inter-standard, la problématique est toute autre. On ne peut ni prédire ni contrôler ces signaux interférents. Cela peut également être le cas pour certaines interférences intra-standard, quand il s'agit de signaux provenant d'un autre réseau et où des mécanismes MAC ne permettent pas de garantir une cohabitation contrôlée. Dès lors, ces interférences peuvent fortement dégrader la qualité d'une communication et des mécanismes de réjection de ces interférences deviennent nécessaires pour conserver un comportement correct des systèmes.

Une conséquence importante de ces interférences est qu'une des hypothèses très classique des communications sans fil n'est plus strictement valide : la réciprocité du lien. Même si cette réciprocité est toujours valable du point de vue bilan de liaison (on capte toujours la même puissance à partir de la source que le lien soit dans un sens ou dans l'autre), elle n'est plus vraie d'un point de vue taux d'erreur (ou BER), car ce taux d'erreur dépendra de la quantité d'interférence qui n'est pas nécessairement la même des deux côtés de la liaison. Un nœud radio pourra donc avoir une très mauvaise réception de paquets malgré un bon niveau de signal reçu alors que de l'autre côté du lien la réception reste de qualité car le niveau d'interférence est plus faible.

La gestion des interférences est donc un enjeu crucial : elle est à la base même du développement de nouveaux standards de communication. Les approches de radio cognitive sont intrinsèquement fondées sur une gestion des interférences entre systèmes. Elles supposent qu'un système est capable de scanner une bande de fréquences pour déterminer si des canaux sont disponibles pour établir une communication sans générer un niveau d'interférence trop élevé pour les réseaux existants. L'utilisation du *White Space* par exemple, prévoit de pouvoir déployer un réseau radio réutilisant les canaux de télévision laissés libres. Plus largement, le principe de radio cognitive s'appuie sur le fait d'être capable d'acquérir une connaissance de l'environnement radio pour maîtriser l'impact de la création de nouveaux liens. Cela suppose notamment d'être capable de reconnaître les autres signaux présents. De plus, cela peut être juste limité à une détection de puissance présente dans les bandes de fréquences scannées, mais peut être bien plus efficace si l'on est capable d'identifier le type de signal, voir même de démoduler ces signaux. Des méthodes de détection aveugles, comme par exemple de cyclostationnarité ou basée sur des moments d'ordre deux [Alau07], permettent de reconnaître les types de formes d'ondes utilisées. Dans des systèmes très large échelle comme les systèmes M2M (*Machine to Machine*), des taux d'utilisation très faible du canal sont prévus, dès lors une gestion statistique des interférences est à l'origine des dimensionnements. Mais comme plusieurs standards sont amenés à cohabiter dans la même bande de fréquence, une approche de type radio cognitive serait fortement souhaitable.

Dans le futur des communications mobiles, certaines propositions pour la 5G se basent sur des systèmes intrinsèquement asynchrones, donc naturellement interférents [Fet13]. Notamment, comme ces futures normes doivent gérer à la fois des communications de type voix, internet mobile, internet des objets et M2M, de fortes interférences intra-standard sont à prévoir et à intégrer en amont dans la définition de futures normes. De plus, aller vers des réseaux encore plus hétérogènes, que ce soit en taille, en débit, en durée de vie ou en taux d'utilisation, va requérir une gestion des interférences encore plus efficace. Le passage à l'échelle des techniques actuelles est un enjeu important, et d'autres modélisation des interférences, comme par exemple les modèles alpha-stables, pourront permettre d'optimiser ces nouveaux réseaux.

3.3 Le principe de diversité

Une grande part des avancées récentes dans la capacité des réseaux sans fil s'appuie sur le principe de diversité. Ce principe est directement lié à l'aspect fortement variable du canal radio que nous avons vu en 2.2.3. Comme ce canal radio varie en temps, en fréquence, dans l'espace et même en fonction de la polarisation de l'onde, un même signal envoyé par un émetteur unique subira un canal très différent si on le capte à deux instants différents, ou à deux fréquences distinctes, ou en deux endroits ou même avec deux polarisations différentes. Dès lors, pour limiter les effets du *fading*, on peut utiliser ces différents degrés de diversité, et émettre par exemple le même paquet d'information à deux instants séparés, ou dans deux canaux fréquentiels disjoints, ou à partir de deux antennes séparées spatialement ou à polarisations orthogonales. On parle également de diversité de diagramme quand les diagrammes de rayonnement des antennes utilisées sont suffisamment différents (idéalement complémentaires) pour que les trajets générés vers le récepteur soient fortement décorrélés. Evidemment, ce principe peut être mis en œuvre en émission comme en réception, de par la réciprocité du canal.

L'exploitation de ces degrés de diversité (que ce soit à l'émission ou à la réception) va dépendre d'une part du niveau de décorrélation des différentes copies du signal d'intérêt, mais aussi de la façon dont on va exploiter ces différentes copies. Une décorrélation importante garantie statistiquement que les différentes copies du signal ne vont pas toutes subir un *fading* important, et donc par exemple qu'au moins une des copies sera reçue dans de bonnes conditions (pour un *pathloss* et un *shadowing* donnés). Mais plus généralement, cette décorrélation sous-entend que les différentes copies vont être reçues avec des amplitudes et phases différentes du gain de canal ($G_e(\theta, \varphi). G_r(\theta', \varphi'). k. \frac{\lambda^2}{d^n}. \alpha_{shadowing}. \alpha_{fading}$ dans l'expression (18)). C'est le même principe qui est à la base des réseaux d'antennes. Pour créer un diagramme donné (formation de faisceau ou *beamforming*), on va utiliser dans le domaine spatial plusieurs antennes qui émettent le même signal, mais avec des pondérations d'amplitude et de phase qui forment le diagramme voulu. On obtient alors, dans une vision purement d'espace libre, une focalisation du signal vers le récepteur, autrement dit une augmentation du gain de l'antenne en émission. En intégrant cela dans un bilan de liaison, on voit aisément que cette approche permet d'améliorer le SNR. Comme nous le verrons par la suite, une exploitation intelligente de cette diversité permet également d'améliorer le SINR. En sortant de la vision espace libre, on ne peut plus vraiment raisonner en termes de diagramme de rayonnement, mais en degrés de diversité. Plus le degré de diversité augmente (en fonction du nombre de copie et de leur niveau de décorrélation) plus l'amélioration potentielle sera grande sur le SNR ou le SINR.

Au-delà, ce principe de diversité a été appliqué à l'échelle de nœuds radio séparés, dont les canaux sont naturellement décorrélés, et qui peuvent ainsi coopérer pour profiter de la diversité spatiale [Dohl03]. Mais si l'on veut étendre encore ce principe, dans le contexte de multiplication des standards de communication, d'hétérogénéité des réseaux et de cohabitation de nombreuses normes sans fil, il est pertinent également d'envisager une diversité d'interfaces ou diversité de standards. Ainsi, pour un terminal intégrant plusieurs normes de communication, au lieu d'utiliser l'une ou l'autre de ces normes indépendamment (et le plus souvent séquentiellement), une gestion globale et coordonnée de ces normes pourrait permettre une amélioration significative des performances. Bien sûr, cela passe par la définition de mécanismes inter-MAC ou par une couche MAC multi-standard.

3.4 La réjection d'interférences intra ou inter-standard

Comme nous l'avons déjà évoqué (en 2.3.2), la gestion des interférences dans les réseaux sans fil modernes est un enjeu crucial. De fait, les techniques de réjection d'interférences ont été largement étudiées par la communauté, en particulier depuis le développement des réseaux cellulaires de type CDMA. Effectivement, dans ce type de réseaux basés sur des étalements par codes, le facteur de charge d'une cellule dépend directement de la quantité d'interférence entre signaux non orthogonaux. A l'époque du développement de ces réseaux, Verdu [Verd84] a proposé le principe des techniques multi-utilisateur pour l'annulation d'interférence, basé sur le maximum de vraisemblance. Ces algorithmes très complexes et donc très coûteux en temps de calcul ont fait l'objet de nombreuses études pour en réduire le coût [Mos96, Last97, Andr05]).

Dans le cadre des réseaux locaux sans fil (WLAN pour *Wireless Local Area Networks*), la même problématique se pose. Par exemple, [Kari05] propose un détecteur de maximum a posteriori conçu pour des systèmes multi-antenne, permettant de doubler la capacité des WLANs. De nombreux autres travaux

[Oppe02] [Suth03] [Xu04] ont fait évoluer la gestion des interférences dans les WLANs. Ces contributions ont permis de faire évoluer les normes de type 802.11 vers des versions multi-antenne gérant au mieux les interférences, mais toujours dans un contexte co-canal (tous les utilisateurs sont sur le même canal fréquentiel).

Réjection d'interférence canal adjacent dans les WLANs

En comparaison aux travaux liés à la réjection d'interférences co-canal, peu de travaux ont étudiés la réjection des interférences partiellement recouvrantes (PCI). En effet, particulièrement dans la bande ISM à 2.45 GHz, les canaux fréquentiels alloués pour des communications de type WiFi sont très fortement recouvrants, c'est-à-dire que si deux réseaux utilisent deux canaux adjacents, ils vont générer des interférences très importantes. Cela est d'autant plus pénalisant que ces interférences ne pourront pas être gérées au niveau MAC car les deux réseaux ne seront pas capables de démoduler l'information du voisin. Dans le cadre de la thèse de Philippe Mary [Mary08], nous nous sommes donc intéressés à ce problème spécifique. [Arsl00] avait déjà étendu aux canaux adjacents la formulation proposée dans [Bott98], basée sur l'expression du maximum de vraisemblance multi-utilisateur. Cette approche est optimale, mais la complexité augmente exponentiellement avec le nombre de voies traitées. Il propose donc également des structures de récepteur sous-optimales. Notons qu'un estimateur itératif avait également été proposé plus récemment pour les signaux OFDM [Dini05].

Ainsi, nous avons étudié les performances des structures optimales MUD-MLSE proposées dans [Arsl00] dans le contexte des réseaux 802.11b. Il s'agit de signaux modulés en QPSK et étalés par une séquence directe avec un code de Barker. La Figure 14 présente la structure du récepteur évalué. Les résultats obtenus et présentés dans [Mary07-2] montrent que ces techniques sont efficaces jusqu'à des niveaux de SINR très défavorables (-15 dB), et pour des recouvrements très importants, sur des canaux tels que les canaux standardisés ETSI BRAN (canal C pour les résultats de la Figure 15). La structure du récepteur implanté basé sur un algorithme de Viterbi a une complexité élevée, ce qui rend la méthode difficilement exploitable pour les hauts débits, en particulier pour les versions OFDM du 802.11, et lorsque le canal est dispersif.

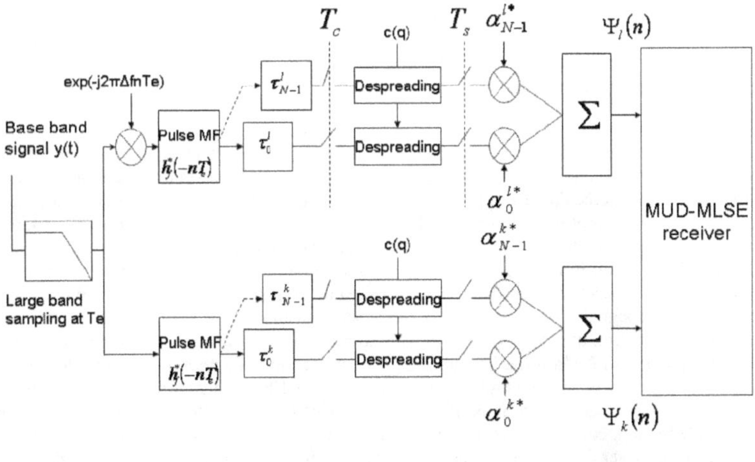

Figure 14.   Schéma de principe du récepteur MUD-MLSE étudié pour signaux à étalement de spectre.

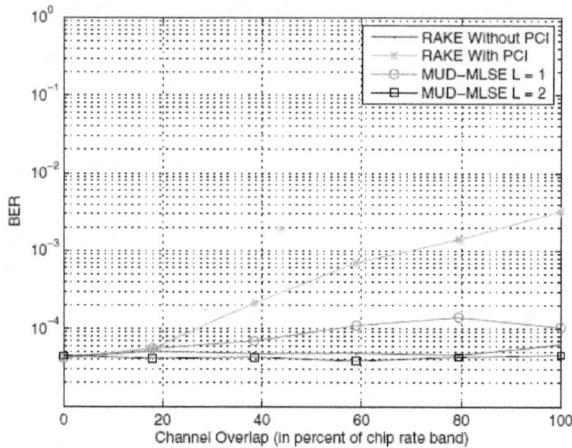

Figure 15.   *BER moyen en fonction du pourcentage de recouvrement des signaux, avec un Eb/No de 23 dB et des puissances de signaux équivalentes.*

Pour tenter de réduire cette complexité, nous proposons dans [Mary07] une étude très fine de la métrique proposée dans [Arsl00], et avons montré que l'on peut tronquer la réponse du canal pour réduire la complexité du récepteur à condition de re-synchroniser virtuellement les canaux adjacents, dans la formulation du critère. Malgré tout, pour un nombre de canaux supérieur à deux, l'approche MUD-MLSE reste trop coûteuse. D'autres approches de type SIC (*Successive Interference Cancellation*) ou PIC (*Parallel Interference Cancellation*) pourraient apporter de meilleurs compromis complexité/performance. Néanmoins la première est plus efficace sur des signaux de puissances très différentes alors que la seconde se comporte à l'inverse. Une approche adaptative pourrait donc être envisagée. Enfin, comme nous le verrons par la suite, les techniques multi-antenne peuvent également permettre de rejeter spatialement les interférences, co-canal comme canal adjacent.

Techniques full-duplex
Un autre domaine où la réjection d'interférence est un point clé est le développement de systèmes de communication Full-Duplex. Les systèmes sans fil actuels (et passés) utilisent toujours un partage du medium suivant le principe du half-duplex : les émissions sur les liens montants et descendants sont faites dans deux créneaux temporels différents ou dans deux canaux fréquentiels séparés. Les progrès dans les capacités de traitement numérique du signal permettent désormais d'envisager des communications Full-duplex. Le paradigme du full-duplex suppose que les terminaux sont capables d'émettre et de recevoir au même instant et dans la même bande de fréquences. Mais de par ce principe même, le nœud radio ne va pas recevoir que le signal d'intérêt de son correspondant distant, mais également le signal qu'il est lui-même en train d'émettre, que nous appellerons l'auto-interférence. Donc non seulement le signal d'intérêt reçu est interféré, mais dû à la forte différence de distance (et donc de *pathloss*), cette auto-interférence est de niveau bien plus élevée, par exemple typiquement de 60 à 100 dB plus forte pour un environnement de type WLAN. Dès lors, sans méthode de réjection d'interférence, un système full-duplex n'est pas viable, le signal d'intérêt étant complètement noyé dans l'auto-interférence. Le point clé pour implémenter un lien full-duplex est d'arriver à supprimer l'auto-interférence, en totalité ou en tout cas à un niveau proche du bruit thermique.

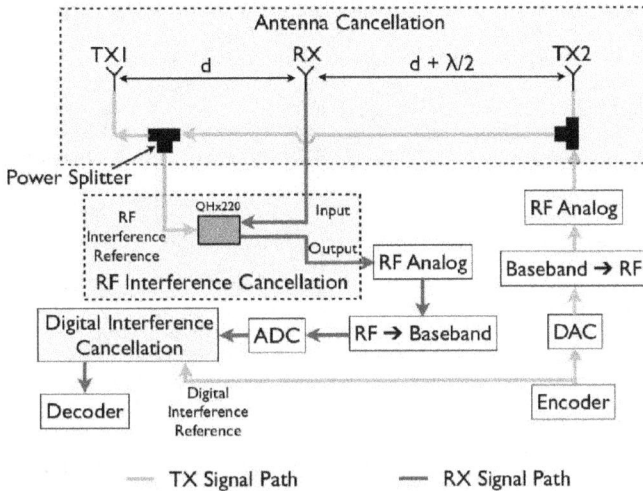

Figure 16.   Différents niveaux de suppression de l'auto-interférence dans un système Full-Duplex : Antenna Cancellation, RF Cancellation et Digital Cancellation [FuDu4].

En fait, pour les ingénieurs radio, ce niveau d'auto-interférence rendait irréaliste l'implémentation de liens full-duplex jusqu'à récemment [Saha11, Jain11]. Ces travaux fondateurs combinent plusieurs niveaux de suppression (active et passive) de l'auto-interférence, et montrent ainsi que ces liaisons sont réalisables.

La méthode passive [Duarte12] est basée sur le découplage d'antennes, spatialement ou par utilisation de polarisations croisées. Ce découplage permet de réduire le niveau de puissance d'auto-interférence quand on utilise deux antennes séparées pour l'émission et la réception. Au-delà, le recours à deux antennes d'émission, séparées respectivement d'une distance d et d'une distance d+λ/2 de l'antenne de réception, permet de créer une interférence destructive entre les deux signaux émis et de fait de réduire l'auto-interférence captée [Choi10]. Les méthodes actives [Saha11, Jain11, Duarte12] tirent parti de la connaissance du signal émis (source de l'auto-interférence) liée à une estimation du canal d'auto-interférence pour en supprimer la contribution dans la chaîne de réception. Cette suppression se fait au niveau analogique ou numérique. La Figure 16 résume les différents étages de suppression possibles : au niveau antenne (*Antenna Cancellation*), au niveau RF (*RF Cancellation*), et au niveau numérique (*Digital Cancellation*).

Les méthodes actives se divisent donc en deux sous-catégories : la suppression au niveau analogique (*active analog self-interference cancellation*, AASIC) et la suppression au niveau numérique (*active digital self-interference cancellation*, ADSIC). La grande différence est que les méthodes AASIC suppriment l'interférence dans le domaine analogique, et donc avant la numérisation du signal. En effet, l'utilisation de méthodes ADSIC seules serait inenvisageable, car le signal global (composé du signal d'intérêt et du signal d'auto-interférence) ne pourrait être numérisé correctement : l'amplitude bien trop grande saturerait les ADC, et même si le contrôle de gain permettait de réguler cela, le nombre de bits effectifs pour interpréter le signal d'intérêt serait bien trop faible.

Jusqu'à maintenant, la mise en pratique de structures Full-duplex s'est appuyée sur la combinaison de ces différents étages de suppressions [Jain11, Choi10-2]. Globalement, les meilleures performances observées dans l'état de l'art permettent un niveau de réjection total de l'ordre de 85 dB. [Duarte12] expose une caractérisation basée sur l'expérimentation d'un système Full-duplex, et démontre que le niveau total de suppression active diminue si le niveau de suppression passive augmente. De même, le total de suppression active n'est pas la somme directe de l'AASIC et de l'ADSIC, car là aussi si l'AASIC rejette fortement l'interférent, les performances de l'ADSIC sont faibles, et inversement. L'AASIC apparait donc primordial, car il permet de réduire la dynamique avant numérisation, et si l'AASIC est efficace, la suppression numérique n'est plus forcément nécessaire.

De cet état de l'art, nous sont alors apparus deux points principaux :

-   Les techniques de suppression niveau antennes sont coûteuses et encombrantes si elles supposent d'ajouter des antennes. De plus, les niveaux annoncés (20 à 30 dB) peuvent être atteints avec des designs d'antennes optimisés pour un fort découplage, et ce sur une bien plus large bande de fréquence (avec recours à des polarisations orthogonales par exemple) ;
-   L'ensemble des travaux proposés s'appliquent à des systèmes bande étroite et avec un réglage fixe (et souvent purement empirique) de l'étage de suppression RF. Il apparait donc pertinent de s'intéresser aux systèmes large bande.

En conséquence, dans le cadre de la thèse de Zhaowu Zhan, nous avons décidé de nous intéresser au développement d'un système full-duplex, large bande, et basé sur des signaux OFDM. La cible est un réseau WLAN de type 802.11 (a/g/n ou ac). Dans un premier temps, nous avons ciblé principalement un AASIC basé sur une estimation du canal pour chacune des sous-porteuses dans un canal de 20 MHz. Ainsi, nous avons montré les performances, potentiellement intéressantes, d'un système full-duplex WiFi, où la réjection active dans le domaine analogique tient compte d'une estimation de canal par sous-porteuses (voir Figure 17), sans ajout d'ADSIC (et en supposant un découplage d'antenne de 20 dB). Nous avons également pu observer que la qualité de la suppression dépend bien sûr de la qualité de l'estimation, et que de ce fait, et de manière un peu contre-intuitive, plus le niveau d'auto-interférence est élevé (par rapport au bruit, appelé INR), meilleures sont les performances de la réjection. Sur la Figure 18, on peut observer que le BER n'est que légèrement dégradé. En effet, à BER équivalent, on observe qu'une interférence résiduelle de 3 à 4 dB seulement subsiste [Zhan13].

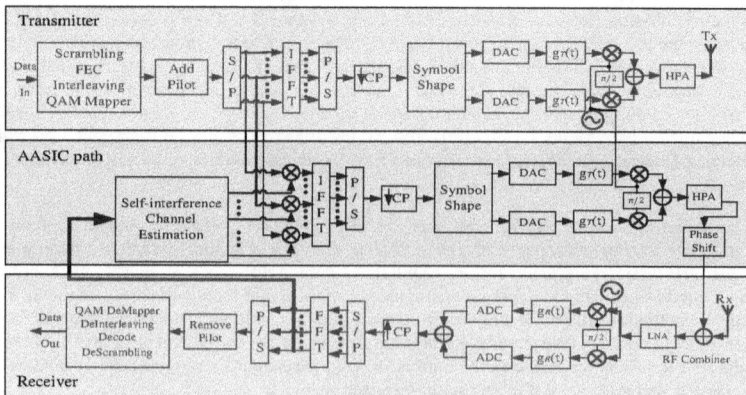

Figure 17.   Schéma de principe du système Full-Duplex OFDM.

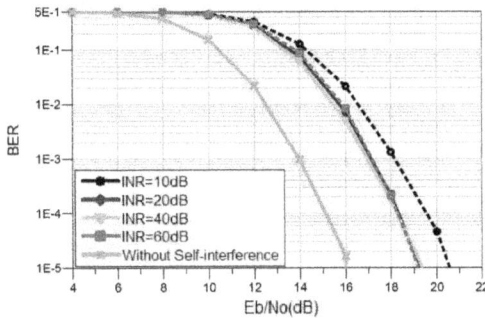

Figure 18.   Performances simulées du système Full-Duplex OFDM proposé en termes de BER par rapport à l'Eb/No, pour différents niveaux d'INR et en comparaison avec un système sans auto-interférence.

Au-delà, nous avons également proposé une analyse de l'impact du bruit thermique sur la qualité de l'estimation ainsi qu'une méthode augmentant le niveau des symboles du préambule des trames pour améliorer encore les performances du système [Zhan14]. Egalement, dans le cadre du Master de Wei Zhou, une première implémentation d'un système full-duplex OFDM avec ADSIC sur boîtiers USRP a été expérimentée (voir 2.5.3).

3.5 La réjection spatiale

Rejeter un signal interférant est un problème complexe. Comme nous l'avons évoqué précédemment, augmenter les degrés de diversité du système permet de faciliter cette réjection, en améliorant le SINR du lien. Les diversités temporelles ou fréquentielles peuvent être efficaces, mais en définitive au prix d'une augmentation de l'utilisation des ressources radio (multiplication par deux du temps occupé ou des canaux occupés), et donc sans amélioration de l'efficacité spectrale. Les diversités spatiales ou de polarisation (ou encore de diagramme) ne sont pas plus consommatrices en termes d'occupation du canal qu'un système sans diversité, mais nécessitent par contre une augmentation de l'encombrement, du nombre de composants, de la capacité de traitement numérique, et, par voie de conséquence, de la consommation énergétique du terminal. Il est donc particulièrement intéressant d'essayer de trouver les meilleurs compromis entre le gain en performance que l'on peut attendre d'un système à diversité spatiale et le coût d'un tel système, que ce soit en encombrement, en coût de réalisation ou en consommation. Nous englobons ici sous l'aspect de diversité spatiale ou de réjection spatiale les trois possibilités précitées : diversité spatiale pure, mais aussi diversité de polarisation ou de diagramme, partant du principe que dans tous les cas on utilise au même instant et à la même fréquence plusieurs réalisations du canal radio, plus ou moins décorrélées.

Dès lors, à partir du moment où l'on suppose que l'on dispose de N voies sur un récepteur par exemple pour recevoir N copies du même signal d'intérêt, de nombreuses approches plus ou moins complexes (et donc plus ou moins coûteuses) peuvent permettre d'améliorer la qualité du lien. La plus simple de toute est le *switch* (ou commutation). Elle consiste simplement à choisir uniquement la meilleure des N voies de réception par rapport à un critère donné. Ce critère peut être uniquement le niveau de puissance reçue, souvent évalué dans les terminaux par le RSSI (*Receiver Signal Strength Indicator* ou indicateur de la force du signal reçu). Cette approche est très simple, demandant très peu de ressources, et a le gros avantage de ne demander qu'une seule chaîne RF de réception, qui commute entre les différentes antennes. Mais elle ne tient absolument pas compte du niveau d'interférence, et un haut niveau de puissance peut aussi bien venir d'un signal d'intérêt seul que d'un signal noyé dans de fortes interférences. Donc pour des réseaux de grande dimension où les interférences sont nombreuses, il sera beaucoup plus pertinent de choisir comme critère un niveau de SINR. Mais comme il n'est pas évident d'évaluer ce SINR (cela supposant d'être capable de séparer la puissance du signal d'intérêt de celle des interférents), les systèmes vont plus généralement se baser sur la conséquence de ce SINR : un niveau de BER seuil, ou de PER, ou le débit effectif atteint par le lien. Même s'il n'est pas optimal, le principe du *switch* reste extrêmement séduisant, car il permet une amélioration très significative de la robustesse du lien, lissant notamment les effets du *fading* et ne nécessitant pas obligatoirement de modification des puces radios existantes. A titre d'exemple, dans le cadre d'une collaboration avec ELA médical [Vill07-2], nous avons développé un système bi-bande à diversité sans toucher à la puce radio déjà utilisée dans de précédents modèles de systèmes médicaux communicants. Ce système fonctionnant dans deux bandes distinctes (MICS à 400 MHz et ISM à 2.45 GHz) pour des communications boîtier de contrôle – patient hospitalisé, le canal radio est fortement perturbé (positions non contrôlées du patient comme du boîtier, nombreux autres équipements, présence d'énormément d'éléments métalliques dans la zone...). Pour garantir une meilleure stabilité du lien radio, nous avons donc développé un système à diversité de diagramme (et à polarisation circulaire) pour le lien à 2.45 GHz, et un système à diversité de diagramme et de polarisation pour le lien à 400 MHz. Ces travaux n'ont pas été publiés car sous accord de confidentialité.

Au-delà du simple *switch*, des performances bien plus importantes peuvent être obtenues si l'on recombine les N copies du signal reçues. Mais il ne suffit pas d'additionner « brutalement » ces signaux, car comme ils sont décorrélés, ils peuvent aussi bien s'additionner de manière constructive que destructive. Il existe alors deux techniques principales pour optimiser la somme de ces différentes contributions : l'EGC (*Equal Gain Combining*) et le MRC (*Maximum Ratio Combining*). La première, la plus simple, se contente de remettre en phase les N signaux pour les additionner. La seconde, le MRC, pondère (en amplitude et en phase) les signaux en fonction de leur SNR avant de les sommer. Cette dernière est optimale en termes de SNR, mais bien entendu est plus coûteuse en termes de ressources nécessaires. En présence d'interférence, ces récepteurs doivent trouver les pondérations permettant non seulement d'optimiser la puissance du signal d'intérêt, mais également en minimisant la puissance des interférences. Généralement, dans la pratique, les récepteurs se basent sur des séquences connues dans les trames (séquences d'apprentissage) pour déterminer ces pondérations en minimisant l'erreur quadratique moyenne (critère MMSE). Ainsi, naturellement, ce critère MMSE tendra à optimiser le SINR du lien radio. Dans les réseaux de grande taille, comme dans les environnements *outdoor*, où l'étalement angulaire des signaux (répartition des directions d'arrivées des différents trajets) peut être plus faible que dans les réseaux *indoor*, il peut également être intéressant d'utiliser des algorithmes basés sur la détection des angles d'arrivées (DOA, *Direction of arrival*), qui permettront un filtrage spatial efficace.

Ces méthodes ont permis l'application des principes d'accès de type SDMA (évoqués en 2.3.1), mais également sont à la base de l'évolution des systèmes radio selon le crescendo désormais bien connu : SISO, SIMO, MISO, MIMO (pour respectivement *Single Input-Single Output, Single Input-Multiple Output, Multiple Input-Single Output, Multiple Input-Multiple Output*). Les systèmes SISO sont les systèmes classiques, avec une seule antenne à l'émetteur et au récepteur (donc sans diversité spatiale). Les systèmes SIMO sont ceux que nous venons de voir à l'instant, à savoir des systèmes où l'émetteur est mono-antenne, mais le récepteur est multi-antenne. Nous pouvons donc déjà améliorer grandement la qualité des liens radio avec ces approches qui permettent la diversité et la réjection d'interférence. Ce principe a été le premier à être mis en œuvre, car il ne nécessite pas de connaissance à priori de la position de l'émetteur, les calculs pouvant se faire a posteriori après réception des différentes copies du signal. Les systèmes MISO, eux, se doivent de former les signaux à envoyer en amont, de manière à optimiser la façon dont les différentes contributions émises vont se sommer au niveau du récepteur. Ils sont donc plus complexes à mettre en œuvre, car l'émetteur doit avoir recueilli des informations sur le canal radio entre lui et le récepteur avant de pouvoir optimiser la liaison (CSI, *Channel State Information*). La qualité du lien dépend directement de la qualité de cette information de CSI.

Enfin, les systèmes MIMO vont combiner les deux principes, à savoir un émetteur multi-antenne et un récepteur multi-antenne. Bien entendu, ces systèmes sont bien plus complexes, car ils nécessitent de fortes ressources des deux côtés de la liaison. Dans les systèmes cellulaires par exemple, il était aisé de déployer plusieurs antennes aux stations de base pour appliquer des principes SIMO ou MISO, mais l'approche MIMO suppose que les terminaux mobiles également possèdent plusieurs antennes. Dans les systèmes MIMO, les antennes d'émission ne rayonnent plus le même signal, mais des signaux correspondant pour chaque antenne à un symbole d'information différent. Ainsi, idéalement, la capacité d'un lien MIMO croit linéairement avec le nombre M d'antennes d'émission. A la réception, une vision simple du principe est que le réseau de N antennes de réception est capable, à partir des N signaux reçus, d'appliquer M filtres différents, qui permettent de ressortir l'information générée par chaque antenne d'émission en rejetant l'interférence générée par les autres au même instant. Cela suppose de disposer d'au moins autant d'antennes en réception qu'à l'émission. De plus, cette réjection ne sera optimale que si les signaux sont parfaitement décorrélés, cela étant fortement lié au canal de transmission et à l'espacement inter-antenne.

Comme nous le verrons au 2.4.3.1, nous nous sommes intéressés à la problématique de la réjection spatiale dès 2005 dans le cadre de la thèse de Pierre-François Morlat, en collaboration avec France Télécom R&D. L'originalité principale de l'approche était que nous avons appliqué le traitement multi-antenne à des signaux sur plusieurs canaux recouvrants, et avec des formes d'ondes différentes. En effet, dans le cadre des déploiements de systèmes WiFi, non seulement (comme évoqué en 2 .3.4.1) les canaux dans la bande ISM à 2.45 GHz sont fortement recouvrants, générant des interférences partiellement recouvrantes (PCI), mais également l'essor des systèmes WiFi a conduit à passer de la norme 802.11b (à étalement de spectre) à la norme 802.11g (en OFDM). Ces travaux ont montré que la réjection spatiale permettait non seulement une amélioration du SNR, mais également du SINR sur des interférences PCI, qu'elles soient intra ou inter-standard. De par le fait, la réjection spatiale offre également un fort intérêt pour la réutilisation spectrale (*frequency reuse*), ou pour l'utilisation de spectres dynamiques [Vill10].

3.6 Multi-* : liens multiples et politiques de partage ou de relai

Les réseaux modernes étant très hétérogènes, complémentaires et interconnectés, non seulement les terminaux mobiles ont tendance à cumuler un grand nombre de puces radios, mais également souvent accompagnées d'antennes multiples. Nous en arrivons alors naturellement au concept de multi-*. Cette appellation de multi-* désigne les architectures radio cumulant plusieurs degrés de diversité : multi-bande, multi-mode, multi-canal, multi-antenne, etc…

Dans la pratique, le multi-* est la finalité : on souhaite intégrer un maximum de degrés de liberté dans une même structure, pour lui donner le plus de chances possibles de conserver une bonne connectivité quelques soient les conditions. Le moyen est donc de multiplier au sein d'un même boîtier de multiples chaînes RF et numériques, au moins une par standard de communication voulu, voir bien plus si on veut offrir de la diversité et si ces standards intègrent différentes bandes de fréquences. Le verrou scientifique qui sous-tend les différents travaux de recherches présentés par la suite est de trouver les meilleurs compromis entre complexité et performance, entre des architectures complètement séparées (chaînes parfaitement distinctes), des architectures où certains composants sont mutualisés (chaînes multi-bande ou large bande) ou des architectures fortement flexibles ou reconfigurables.

L'empilement de puces dédiées (appelé également *stack-up*) est la solution jusqu'alors privilégiée par les constructeurs de terminaux, car optimale en termes de performance brute par standard. En effet, chaque puce a été alors optimisée par rapport aux seules contraintes de son standard (fréquence, bande, dynamique, etc…). Par contre, cette approche n'est plus optimale au regard de la consommation, du coût, ou même de la performance globale.

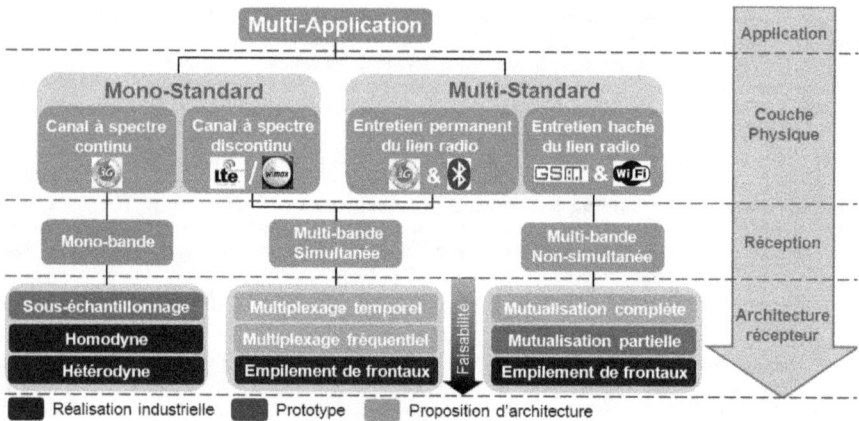

Figure 19.   Différents types de récepteurs multi-application [Burc10-2].

Ici, la performance globale suppose l'utilisation de différents supports de communication cohabitant dans une même zone, et potentiellement interférents. Comme nous le verrons par la suite, la mutualisation des composants peut permettre des gains en coût et en consommation très significatifs (en encombrement également). De plus, une architecture plus large bande facilite la gestion des interférences (intra ou inter-standard, ce qui n'est pas gérable avec un *stack-up*). Enfin, une architecture plus flexible permet de s'adapter aux conditions jusqu'au plus bas niveau du réseau (en *stack-up* cela peut être géré aux couches supérieures), et de tendre vers une gestion globale plus intelligente et efficiente des ressources radio. La thèse de Philippe Mary posait les bases de la réjection d'interférence supposant des architectures plus large bande, ainsi que de la définition de bornes atteignables en fonction des type de canaux et de leur diversité [Mary08]. Dans la thèse de Pierre-François Morlat, nous avons traité le cas de récepteurs multi-antenne multi-mode large bande [Morl08-4]. Dans celle de Ioan Burciu, nous nous sommes intéressés au développement d'architectures multi-bande simultanées [Burc10-2]. L'aspect de gestion simultanée de plusieurs bandes est un point clé pour l'optimisation globale de la connectivité, et un verrou important hors *stack-up* (voir Figure 19).

Ces deux thèses se sont déjà basées sur une étude conjointe de l'architecture analogique avec les capacités de traitement numérique. Dès 2005, nous avons visé l'implémentation du récepteur multi-antenne multi-standard sur une base de radio logicielle. Pour ces architectures flexibles et reconfigurables, la SDR est la solution clé, et apporte de plus des perspectives d'évolutivité au gré des évolutions de normes. Egalement, les propositions d'architectures RF nouvelles sont associées alors à des capacités de traitement numérique importantes, qui permettent d'envisager de nouveaux compromis entre le coût analogique et le coût numérique. Par la suite, dans la thèse de Zhaowu Zhan, l'utilisation d'architectures full-duplex doit également s'étendre à des systèmes multi-bande, multi-antenne.

Du point de vue de la gestion des liens radios, ces architectures multi-* ont un très fort potentiel. Le choix d'orienter les flux de données vers telle ou telle interface radio peut se faire sur des critères beaucoup plus fins et évolutifs qu'avec des solutions d'empilement classiques. L'utilisation d'une même ressource numérique pour un récepteur multi-* peut ouvrir à de nombreux compromis. Par exemple, la sélection d'un sous ensemble de branches de diversité quand les conditions sont suffisantes peut permettre des gains de consommation importants. Ou encore le passage à un standard de communication plus robuste requérant moins de calcul mais associé à plus de diversité peut offrir des performances meilleures qu'un autre standard plus haut-débit si les conditions de diversité y sont plus intéressantes. Ceci peut être particulièrement pertinent dans le cas de continuité de communications pour un utilisateur passant d'un milieu *outdoor* à un milieu *indoor* par exemple. Pour les réseaux de type radio cognitive (CR) il en va de même. Les interfaces flexibles permettent un *sensing* efficace de l'environnement radio, et les approches multi-antenne la capacité de former l'information de manière à ne pas perturber les autres réseaux.

L'aspect d'utilisation de multiples modes de communication dans des politiques de relai de l'information dans des réseaux hétérogènes était à la base de la thèse de Cédric Levy-Bencheton [Levy11-4]. L'utilisation de relais pour étendre la couverture des réseaux cellulaires est très prometteuse, mais généralement considérée comme conservant le même standard pour chaque partie du lien relayé. Dans ces travaux remontant même jusqu'au niveau MAC, nous avons considéré des terminaux intrinsèquement SDR, multi-mode (et même multi-antenne), et nous avons cherché à définir sous une métrique de consommation énergétique les meilleurs compromis entre lien direct, relayage mono-mode et relayage multi-mode.

Enfin, même si l'approche n'est pas au niveau des architectures, dans la thèse de Meiling Luo, nous avons cherché à développer les outils permettant d'évaluer les performances potentielles de systèmes à diversité en fonction de l'environnement, ce qui peut servir de base pour l'évaluation de politiques d'allocation de ressources, de basculement sur un autre standard ou de relai (mono comme multi-mode).

Sélection de publications

Chapitres de livre

[Gorc09] J.-M. GORCE, G. VILLEMAUD, P. MARY, "Couche Physique et Antennes", inclus dans "Réseaux de capteurs : théorie et modélisation", Ed. Hermès, May 2009.

Communications dans des revues internationales avec comité de lecture

[Vill10] G. VILLEMAUD, P.F. MORLAT, J. VERDIER, J.M. GORCE, M. ARNDT, "Coupled Simulation-Measurements Platform for the Evaluation of Frequency-Reuse in the 2.45 GHz ISM band for Multi-mode Nodes with Multiple Antennas", EURASIP Journal on Wireless Communications and Networking, Volume 2010, Article ID 302151, 11 pages, March 2010.

Communications dans des conférences internationales avec actes et comité de lecture

[Zhan14] Z. ZHAN, G. VILLEMAUD, J.M. GORCE, "Analysis and Reduction of the Impact of Thermal Noise on the Full-Duplex OFDM Radio", IEEE Radio and Wireless Symposium (RWS) 2014, Newport Beach, Jan. 2014.

[Zhan13] Z. ZHAN, G. VILLEMAUD, J.M. GORCE, "Design and Evaluation of a Wideband Full-Duplex OFDM System Based on AASIC", IEEE Personal, Indoor and Mobile Radio Communications Symposium, PIMRC2013, London, September 2013.

[Mary07] P. MARY, J.M. GORCE, G. VILLEMAUD, M. DOHLER, M. ARNDT, "Reduced Complexity MUD-MLSE Receiver for Partially-Overlapping WLAN-Like Interference", IEEE VTC Spring 2007, Dublin, april 2007.

[Mary07-2] P. MARY, J.M. GORCE, G. VILLEMAUD, M. DOHLER, M. ARNDT, "Performance Analysis of Mitigated Asynchronous Spectrally-Overlapping WLAN Interference", WCNC 2007, Hong Kong, march 2007.

Rapports techniques

[Vill07-2] G. VILLEMAUD, "Antenna Diversity for Medical Base Station", Report ELA Medical, nov. 2007.

Thèses

[Mary08] MARY P., "Etude analytique des performances des systèmes radio-mobiles en présence d'évanouissements et d'effet de masque". PhD thesis, INSA Lyon, Feb. 2008.

[Morl08-4] MORLAT P.F., "Evaluation globale des performances d'un récepteur multi-antennes, multi-standards et multi-canaux", PhD thesis, INSA Lyon, Dec. 2008.

[Burc10-2] BURCIU I., "Architecture de récepteurs radiofréquences dédiés au traitement bibande simultané", PhD thesis, INSA Lyon, May 2010.

[Levy11-4] LEVY-BENCHETON C., "Étude de relais multi-mode sous contrainte d'énergie dans un contexte de radio logicielle". PhD thesis, INSA Lyon, June 2011.

4. Optimisation des architectures multi-*

Suite aux deux parties précédentes plus concentrées sur les outils généraux et le contexte d'usage, nous abordons dans l'ensemble de cette partie, la plus conséquente, les principales contributions de recherche. Après une première section détaillant les différents outils et méthodes spécifiques à ces travaux, les améliorations apportées à l'outil de prédiction de propagation radio Wiplan sont détaillées. Ensuite, les différentes contributions dans le cadre du développement d'architectures de récepteurs multi- sont exposées dans un ordre globalement chronologique. Enfin, une approche complémentaire sur l'évaluation du potentiel des relais multi-* à radio logicielle est proposée, avec particulièrement dans ce cadre une extension de la vision à l'impact de la couche MAC au travers d'un simulateur réseau.*

Les travaux menés au cours de ces dix années de recherche sont donc principalement centrés autour de ces architectures multi-*, mais également autour de leur environnement d'utilisation. Nous allons tout d'abord exposer les outils et méthodes à la base de ces différentes études, que ce soient des outils matériels ou logiciels. Puis nous détaillons par la suite l'utilisation et l'enrichissement de l'outil de prédiction de la propagation des ondes radio : Wiplan, basé sur la méthode MR-FDPF. Dans le contexte de réseaux hétérogènes, et particulièrement du recours à des combinaisons de grandes cellules de couvertures *outdoor,* les *macrocells,* avec des cellules plus petites, voire très petites, dites *smallcells (picocells ou femtocells)*, ce type d'outils apparaît particulièrement indispensable pour l'étude et l'optimisation de liens radios multiples.

Par la suite, nous allons voir plus en détail les différents travaux effectués autour de la conception de récepteurs multi-* : récepteur multi-mode multi-antenne, récepteur multi-bande simultané, récepteur multi-antenne à multiplexage par code, jusqu'au récepteur multi-bande multi-antenne. Toutes ces architectures faisant appel à une association de composants analogiques avec des ressources de traitement numérique, nous finirons naturellement par l'étude portant sur des relais multi-* à base de radio logicielle.

4.1 Outils et méthodologies

4.1.1 Limites des modèles théoriques et cycle de conception

Nous avons déjà évoqué comme exemple le modèle à disque très souvent utilisé dans la communauté des protocoles et routages réseaux pour dimensionner la connectivité entre les différents nœuds de réseaux sans fil de grande dimension. C'est bien sûr un exemple typique de la limite des modèles théoriques, qui facilite la manipulation analytique des expressions mais masque beaucoup de problèmes qui apparaissent en environnement réel. De même, la non-réciprocité des liens due aux interférences peut induire de très larges changements dans le comportement des réseaux radio. On peut évoquer également les phénomènes d'écoutes passives, liés aux mécanismes MAC, qui peuvent induire une forte surconsommation des nœuds radio hors des liens utiles.

Ce ne sont ici que quelques brefs exemples de la difficulté de passer des modèles théoriques, nécessairement simplifiés pour être exploitables, à des évaluations expérimentales ou même au-delà à un réseau opérationnel (une discussion bien plus détaillée sur la validité des hypothèses classiques dans [Gorc09]. L'optimisation de systèmes multi-* demande donc une large palette d'outils, pour passer de la théorie à la pratique. Dans tous les travaux présentés, le souci d'aller vers des performances réalistes a poussé à essayer de garder toujours un lien constant dans le processus : théorie-simulation-mesure. Mais comme également ces développements font appel à différents champs de compétences, une large palette d'outils est nécessaire pour de telles conceptions.

Les bases théoriques, évoquées dans les chapitres précédents, ont trait à trois domaines principaux : les architectures de terminaux (RF et numérique), la propagation des signaux radio et le lien avec les couches supérieures des réseaux sans fil. Pour chacun de ces domaines, nous avons donc été amenés à utiliser des outils de simulation différents :

- Pour les architectures de terminaux : le logiciel ADS d'Agilent Technologies [Agil] ;
- Pour la propagation : le logiciel Wiplan développé au laboratoire ;
- Pour le lien avec les couches hautes : le logiciel WSNet (également développé au laboratoire).

Bien entendu, dans l'ensemble des études le recours au logiciel Matlab a également été des plus fréquents, que ce soit indépendamment, en pré ou post-traitement des données, ou directement en co-simulation avec les outils précités.

Pour ce qui est des expérimentations, l'outil principal est ce que nous appelons la plateforme radio, qui regroupe l'ensemble des appareils de mesure utilisés pour la validation de nos simulations, même si certains travaux ont fait l'objet de démonstrateurs spécifiques et si des cibles SDR sont maintenant privilégiées (détaillées dans les perspectives au 2.5.2).

4.1.2   La prédiction de couverture : Wiplan

Nous présentons tout d'abord ici une vision purement utilisateur du logiciel Wiplan (les détails du cœur du calcul de propagation sont donnés au 2.4.2.1). Ce logiciel a été développé par J.M. Gorce [Gorc07] pour permettre initialement la prédiction de couverture des réseaux de type WiFi. Particulièrement dédié aux communications *indoor* cet outil permet un très bon compromis entre le temps de calcul nécessaire à la prédiction de la propagation d'une ou plusieurs sources et la précision du résultat. Il peut aussi être utilisé pour de la prédiction *outdoor* [Roche07] mais au prix de contraintes relâchées sur le pas de calcul. Contrairement aux autres outils déterministes du domaine, il est basé sur une méthode discrète, MR-FDPF (Cf. 2.4.2), et non sur une méthode à rayons.

La version qui est utilisée principalement dans les travaux présentés est la version 2D, à savoir qu'on ne calcule que la propagation du champ dans le plan horizontal, à partir du plan de masse d'un bâtiment. Néanmoins, il existe une version multi-étage (2.5D), qui permet de prendre en compte les interactions entre des sources à différents niveaux d'un même bâtiment, ainsi qu'une version 3D (mais présentant un volume de calcul rapidement prohibitif pour de grands environnements).

Figure 20.   L'interface graphique du logiciel Wiplan.

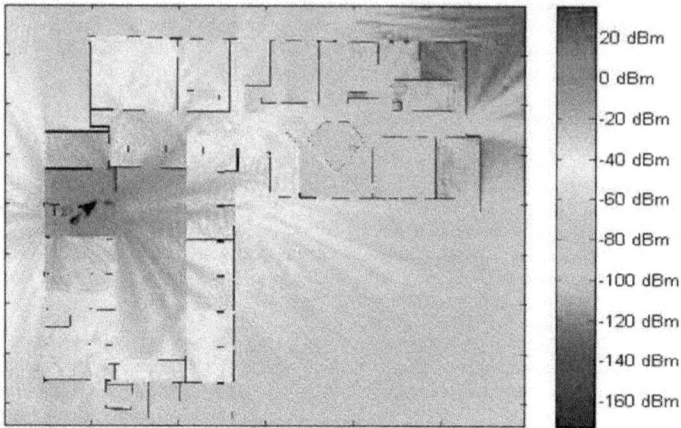

Figure 21.   Exemple d'une prédiction de couverture obtenue à partir de Wiplan (niveau de puissance moyenne en dBm, source notée Tx).

L'interface graphique de Wiplan permet d'importer un plan de bâtiment, d'en tracer les contours, murs, fenêtres, cloisons, etc… (voir Figure 21). Chaque élément est associé à un type de matériau (béton, bois, verre, etc…). En fonction de la fréquence à laquelle on souhaite effectuer la prédiction, une phase de pré-process va ensuite permettre de discrétiser cet environnement, indépendamment du placement de sources de rayonnement par la suite. Cela est d'ailleurs un des grands intérêts de cette méthode, car une unique phase de pré-process est nécessaire, quel que soit par la suite le nombre de sources ou le nombre de prédictions que l'on souhaite effectuer dans ce même environnement.

Une fois ce pré-process réalisé, on peut ensuite placer une ou plusieurs sources, de type omnidirectionnelles ou directives, dont on définit le gain (ou la PIRE) et l'ouverture. Ces sources définies, le calcul de prédiction de couverture peut être lancé, avec le degré de précision souhaité. Par défaut, le pas de discrétisation doit être au maximum du sixième de la longueur d'onde du signal. Néanmoins, même si le cœur de calcul utilise une telle précision, il est possible d'obtenir des résultats de prédiction plus rapides en demandant un arrêt au niveau des blocs homogènes. Cette option permet une cartographie rapide des zones où les niveaux de puissances sont en dessous d'un seuil par exemple (voir Figure 22). Le résultat est alors affiché sous forme de carte de niveau de puissance moyenne en tout point de l'environnement, et peut bien entendu être exporté sous forme d'image ou sous forme de fichier de valeur pour un traitement ultérieur.

Enfin, pour améliorer la précision des valeurs prédites, il est possible d'effectuer un étalonnage du simulateur. En effet, les valeurs par défaut des différents matériaux, ainsi que l'indice d'atténuation utilisé pour prendre en compte la limitation à deux dimensions de la propagation dans le cœur de calcul, peuvent être ajustés pour chaque environnement spécifique. On utilise alors des échantillons de points de mesures réalisés sur site pour optimiser la valeur des caractéristiques des matériaux et ainsi obtenir une prédiction finale encore plus précise.

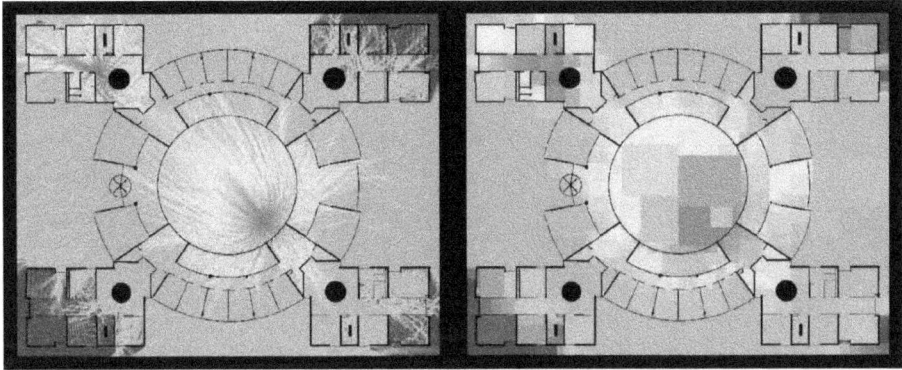

Figure 22.   Différents niveaux de prédictions : précision au niveau pixel (à gauche), précision niveau blocs homogènes (à droite).

4.1.3   Les simulations système : Advanced Design System (ADS)

Pour la simulation d'architectures RF complexes, nous avons opté pour le logiciel ADS d'Agilent Technologies [Agil]. Ce simulateur offre différents avantages: il intègre différents niveaux de simulations (flux de données, harmonique, transitoire, simulations EM…), il possède une très large bibliothèque de composants et de standards, et permet également l'interconnexion avec la plateforme matérielle (voir section suivante). L'outil d'ADS que nous avons le plus utilisé est le simulateur *DataFlow* nommé Ptolemy qui permet réellement une évaluation complète d'une chaîne de transmission, en partant d'un flux de bits d'information en entrée d'un émetteur, de simuler le comportement complet de l'émetteur (niveaux numériques et analogiques avec un réalisme important sur le comportement des composants), d'intégrer l'effet des antennes, du canal de propagation, de prendre en compte l'architecture du récepteur et de ressortir au final les bits d'informations démodulés (voir Figure 23).

On peut donc particulièrement mener une évaluation complète en termes de BER d'une liaison, métrique que nous avons privilégiée. D'autres émetteurs/récepteurs peuvent être intégrés également (donc des interférences), tout comme des sources de bruit ainsi que des défauts des composants, de même que des effets de quantification.

Cet outil utilise une représentation sous forme de blocs chaînés (voir Figure 23) ayant une ou plusieurs entrées/sorties, les échanges entre les blocs pouvant se faire dans différents formats (échantillons temporels, complexes, entiers, etc…). Des blocs de haut niveau définissent les fonctions principales (émetteur, récepteur, antenne, canal… Figure 23), et l'on peut entrer dans chaque bloc pour modifier les composants le constituant (blocs numériques ou analogiques, DAC ou ADC, modulateurs, générateurs, etc…, voir par exemple en Figure 24).

On peut simuler en bande de base comme en RF, le comportement temporel ainsi que le gabarit fréquentiel de chaque composant est pris en compte. Des blocs de standards prédéfinis permettent de générer des trames complètes au format choisi, intégrant les entêtes comme les données. Par contre, on ne peut ainsi simuler que l'envoi de trames niveau PHY, les mécanismes MAC ou supérieurs ne sont pas intégrés.

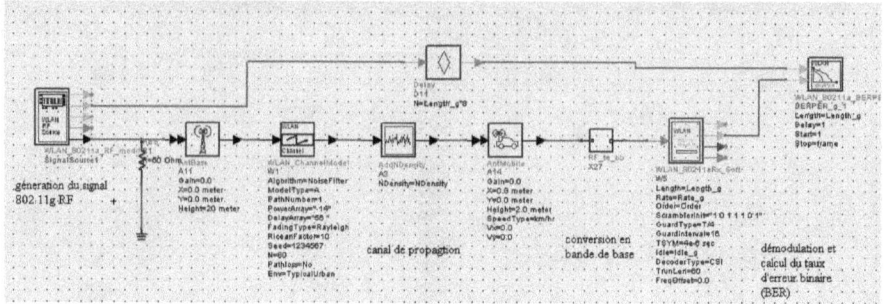

Figure 23.   *Représentation en blocs de haut niveau d'un schématique ADS d'une transmission de type 802.11g avec évaluation du BER en canal multi-trajet [Mor108-4].*

Cet outil est très riche et très puissant, même si souvent complexe à utiliser, et nécessite beaucoup de précautions dans le juste paramétrage des simulations comme des caractéristiques des composants. De nombreuses fonctions de base de traitement du signal sont directement disponibles sous forme de blocs, mais pour appliquer des algorithmes plus évolués (traitement d'antenne, correction de défauts RF, etc...), nous l'avons utilisé le plus souvent en cosimulation avec Matlab (voir Figure 25).

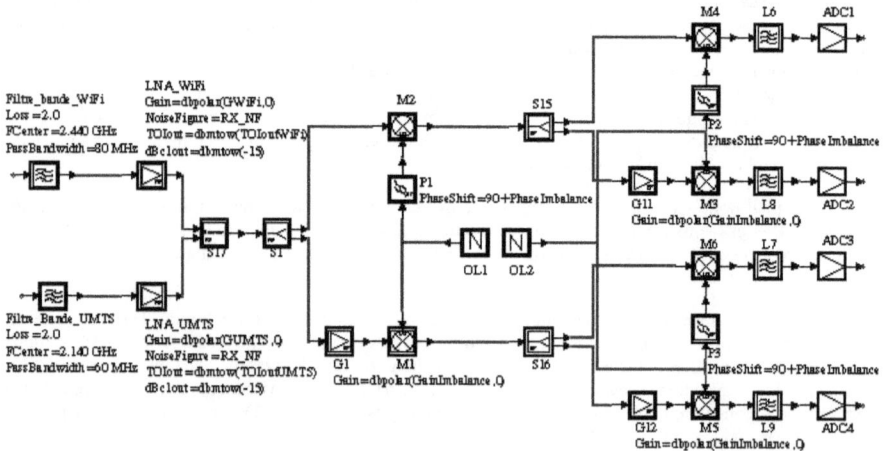

Figure 24.   *Représentation au niveau des composants d'une chaîne de réception multi-bande après les antennes, du filtrage à la numérisation [Burc10-2].*

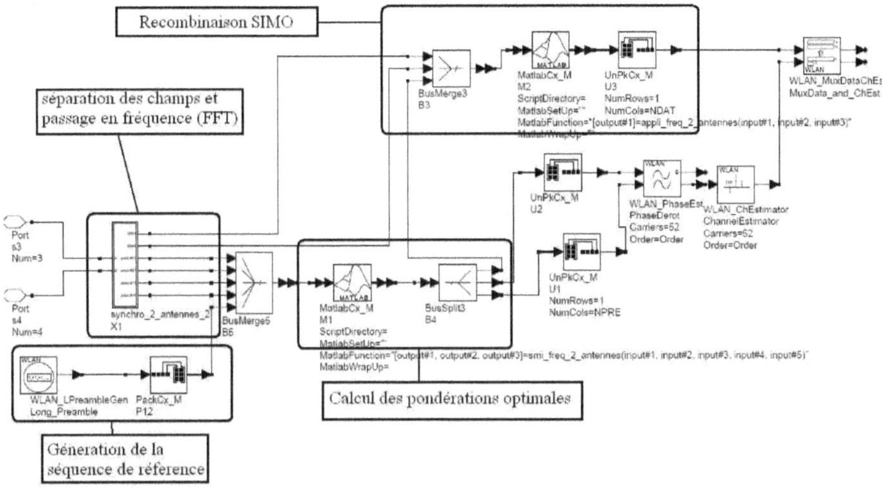

Figure 25.   Schématique haut-niveau d'une chaîne de réception multi-antenne avec cosimulation Matlab [Morl08-4].

Nous avons également parfois utilisé le code de calcul électromagnétique d'ADS, Momentum, mais principalement dans des travaux annexes non détaillés ici [Chel07, Vill07-2].

4.1.4   Expérimentation : la plateforme radio

En ayant comme objectif de proposer une validation globale des systèmes complexes RF, les capacités des outils d'Agilent Technologies [Agil] nous ont semblé être une bonne solution. Par conséquent, une plate-forme dédiée aux transmissions radiofréquence a été développée dès 2004 au sein du laboratoire CITI de l'INSA de Lyon. Cette plate-forme présentée sur la Figure 26 intègre :

- deux générateurs d'ondes arbitraires ESG 4438C capables de charger dans leurs mémoires internes des signaux RF complexes et de les émettre à des fréquences allant jusqu'à 6 GHz (avec une bande passante jusqu'à 80 MHz). Un des aspects intéressants de ces équipements est leur capacité de communiquer avec le logiciel ADS. En effet, les signaux complexes chargés dans les mémoires de ces générateurs peuvent être d'abord générés en utilisant le logiciel ADS.

- un analyseur de signaux vectoriel VSA 89641. Ce type d'analyseur offre la possibilité de numériser correctement un signal ayant une largeur de bande jusqu'à 46 MHz. Afin de pouvoir simultanément traiter deux signaux RF indépendants, le modèle choisi ici est composé de deux chaînes de réception indépendantes.

- un PC nécessaire en connexion avec le VSA afin de pouvoir le piloter, visualiser les résultats ou les enregistrer. Il est également un lien important afin de pouvoir mener des simulations utilisant le logiciel Advanced Design System (ADS). Plus précisément, le fonctionnement de la plate-forme radiofréquence nécessite l'utilisation de l'outil Ptolemy intégré dans le logiciel ADS.

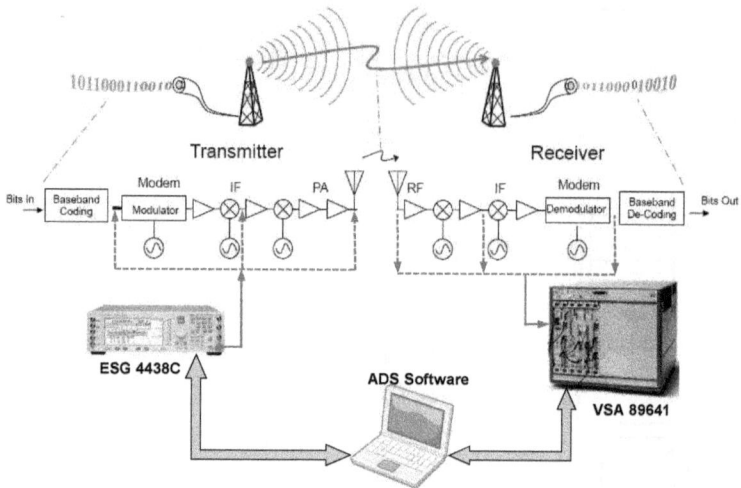

Figure 26.   La plateforme de test radio et la connected solution.

Grâce au couplage software/hardware (*connected solution* pour Agilent), les blocs réalisant les différentes étapes de traitement peuvent être mis en œuvre en utilisant soit un modèle ADS soit un composant réel. Il est ainsi possible d'étudier les propriétés du signal réel - trace temporelle, spectre, constellation, taux d'erreur - à n'importe quel point de la chaîne de transmission en utilisant des blocs fonctionnels ADS. De plus, grâce à la possibilité d'intégrer sous ADS des programmes développés sous Matlab, des traitements spécifiques du signal peuvent être développés (détection, synchronisation des trames, méthodes de type MMSE...). En profitant du couplage software/hardware et de la cosimulation ADS/Matlab, il est possible de modéliser de manière très précise tous les étages d'une chaîne de transmission radio : les structures numériques d'émission/réception, les différentes architectures de conversion RF/bande de base, mais aussi le canal de propagation intégrant des modèles de transmissions multi-trajet.

Le couplage hardware/software permet aussi de comparer les performances de n'importe quel composant réaliste avec les résultats de ce même composant obtenus en simulation en fonction de là où l'on récupère le signal du VSA. En profitant également des deux entrées RF du VSA et du fait que la plate-forme soit constituée de deux générateurs d'onde, il est possible d'étudier les performances d'un récepteur capable de recevoir simultanément deux bandes de fréquence distinctes. Les antennes utilisées le plus souvent pour la plateforme sont des antennes omnidirectionnelles, indépendantes l'une de l'autre afin de s'affranchir des problèmes de corrélation/couplage qui apparaissent lorsque la distance entre antennes n'est pas suffisamment importante. Mais pour des caractérisations plus fines, des mesures de polarisation ou simplement des portées plus importantes, des antennes cornets peuvent être utilisées.

Pour effectuer des mesures de performance en environnement réel des différentes structures de systèmes multi-*, on utilise d'abord des blocs fonctionnels ADS afin de modéliser la couche physique de l'émetteur ou des émetteurs. Par la suite, les signaux en bande de base ainsi obtenus sont chargés dans la mémoire des générateurs. Les générateurs translatent les signaux en bande de base autour d'une fréquence radio choisie par l'utilisateur. L'émission du signal radiofréquence est continue (signal continu ou succession de trames).

Après le passage par un canal hertzien réel, les signaux sont réceptionnés à l'aide du VSA. Comme on peut voir sur la Figure 26, à l'entrée du VSA on peut utiliser soit les signaux RF de sortie d'une antenne, soit les signaux de sortie d'un bloc électronique réel réalisant la translation RF/IF ou la translation RF/bande de base. L'utilisation du VSA permet l'enregistrement des fréquences porteuses et des composantes en bande de base des signaux d'entrée. Les fichiers comportant ces données sont ainsi chargés dans ADS. Le signal résultant est un signal obtenu en translatant la composante en bande de base autour de la fréquence porteuse. À l'aide de blocs fonctionnels ADS, on va translater en bande de base ces signaux en utilisant un modèle réaliste de la chaîne de réception. En bande de base, la démodulation du signal est réalisée en utilisant les modèles de couches physiques proposées par ADS (voir Figure 27). Le bon fonctionnement de ces modèles nécessite que la première trame du signal à traiter soit complète. Cependant, l'enregistrement du signal à l'aide du VSA nous empêche de remplir ces contraintes. Afin de réaliser cette synchronisation, une méthode de traitement du signal a été développée sous Matlab.

L'évaluation globale de la liaison radiofréquence se fait après la démodulation du signal en bande de base. À ce niveau, on calcule le BER de la liaison radiofréquence en comparant la séquence de bits ainsi obtenue avec celle utilisée pour générer le signal en bande de base qui est chargé dans la mémoire des générateurs d'ondes arbitraires.

Bien entendu, cette configuration permet de tester de nombreuses configurations de récepteurs multi-*. De plus, les deux générateurs permettent également de créer des signaux de type MIMO (comme illustré en Figure 28). Cependant, le test de systèmes MIMO est limité à des configuration 2x2 (deux antennes d'émission, deux antennes de réception) et nécessite la synchronisation fine des deux émetteurs.

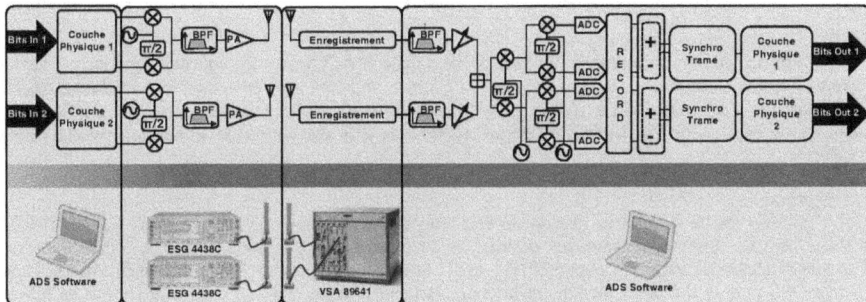

Figure 27.   Exemple de processus complet d'évaluation d'un BER entre les bits d'entrée et les bits de sortie (ici appliqué à l'évaluation d'un récepteur double IQ détaillé en 2.4.3.4).

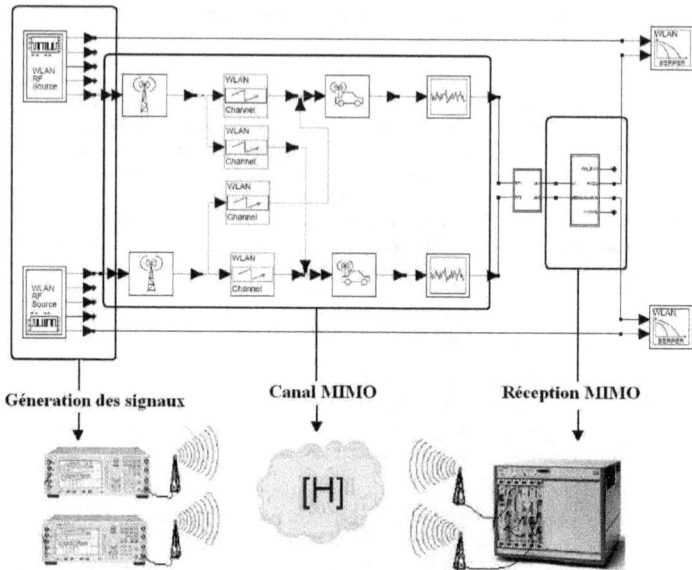

Figure 28.   *Représentation schématique d'un récepteur Low-IF.*

4.1.5   Simulations réseau : WSnet

Afin de prendre en compte l'impact de la couche MAC, voire des couches supérieures sur les performances du réseau ou sur la consommation d'énergie, nous utilisons également un simulateur réseau. Nous présentons ici le simulateur réseau WSNet qui sera modifié ultérieurement pour intégrer le multi-mode. Nous expliquons les différentes étapes nécessaires à la réalisation de simulations réseaux sous WSNet.

Description du simulateur

WSNet est un simulateur réseau à événements discrets, développé au laboratoire CITI [Chel08]. WSNet offre de nombreux avantages permettant de réaliser des simulations précises. Il implémente plusieurs modèles réalistes de couches PHY, MAC et réseau. Son approche multi-couche, basée sur le modèle OSI, permet d'étudier facilement le comportement d'un modèle ou d'un protocole à un niveau donné, tout en minimisant l'impact des autres niveaux.

Dans WSNet, une librairie effectue une tâche précise au cours d'une simulation (e.g. une librairie au niveau PHY simule une chaîne de transmission/réception). Les librairies sont chargées par le cœur du simulateur, et interagissent par le biais de fonctions primitives. Elles possèdent leurs propres paramètres, ce qui permet de modifier leur comportement. Elles s'intègrent de façon modulaire dans le simulateur, comme détaillé ci-après.

Dans WSNet, un nœud représente un terminal physique. Les différentes librairies sont hiérarchisées au sein d'un bundle, qui représente le type d'un nœud. Chaque nœud est alors une instance d'un bundle, et possède aussi ses propres paramètres. Les nœuds du même type sont des instances du même bundle.

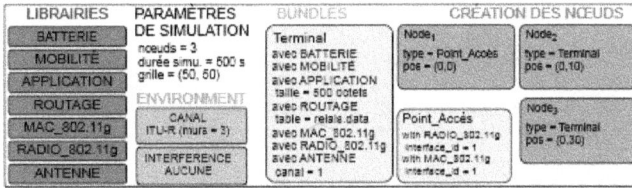

Figure 29.   *Structure de fichier de configuration .xml sous WSNet.*

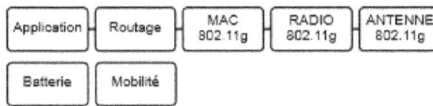

Figure 30.   *Exemple de bundle sous WSNet.*

Une approche modulaire

Chaque librairie agit comme une entité indépendante, ses relations avec les autres librairies étant définies au sein d'un bundle, à l'intérieur du fichier de configuration .xml. Un exemple est présenté à la Figure 30. Ce fichier de configuration est au cœur de la simulation. En effet, WSNet procède au chargement et au paramétrage des modules nécessaires, à la création des bundles puis des nœuds. La granularité de la simulation se modifie dans ce fichier de configuration.

WSNet adopte une approche modulaire structurée, où chaque librairie communique de façon hiérarchique avec les autres librairies. Cette approche modulaire permet d'implémenter de nouveaux modules qui s'intègreront facilement à ceux existants, un module WSNet pouvant correspondre tant à une couche du modèle OSI, qu'à un environnement de simulation (gestion de la mobilité, de l'énergie, de la propagation). De plus, chaque librairie définit des primitives propres à WSNet, appelées au lancement et à la fin de la simulation, ainsi qu'à la création et à la mort d'un nœud qui l'utilise. D'autres fonctions permettent à une librairie de communiquer avec les couches inférieures et supérieures.

La programmation d'une librairie WSNet se réalise en C. Les utilisateurs ont alors la possibilité de réutiliser ou d'adapter les libraires existantes, voire d'en créer de nouvelles.

Création d'une simulation

La Figure 29 présente un exemple de configuration pour réaliser une simulation WSNet. Au lancement d'une simulation, WSNet charge un fichier de configuration .xml qui détermine les paramètres de simulation, comme la durée de la simulation, le nombre de nœuds et la taille de la grille.

Chaque fichier de configuration possède les paramètres suivants, correspondant à l'exemple présenté à la Figure 29 :

- Les paramètres de simulation, e.g. trois nœuds sur une grille 50x50.
- La liste des librairies, e.g. MAC_802.11g pour le CSMA/CA.
- L'environnement de simulation, e.g. Canal_ITU-R pour un canal de propagation ITU-R.
- La définition des bundles, e.g. Mobile pour un terminal mobile, qui instancie une radio et une couche MAC 802.11g.

- La création des nœuds, e.g. Node2, qui est un nœud mobile placé sur la grille à la position (0, 10).

L'environnement de simulation est mis en place avec les paramètres de propagation et le modèle d'interférence choisis. Les librairies nécessaires sont ensuite chargées et paramétrées, puis instanciées par un bundle, qui représente un type de nœud.

À la création des nœuds, chaque nœud est associé à un bundle ainsi qu'à une position sur la grille de la simulation. Une fois la simulation effectuée, les fichiers de journalisation sont traités. Les paramètres enregistrés ainsi que leur granularité sont définis dans le code C des librairies.

Configuration des nœuds
Le nœud est la représentation d'un terminal de communication. Dans WSNet, un nœud est constitué de l'assemblage de plusieurs modules indépendants. Cet assemblage, ou bundle, définit une relation hiérarchique entre les différentes librairies utilisées par le nœud. Ce bundle est défini au sein du fichier de configuration .xml. Bien qu'associé à un seul bundle, un nœud possède ses propres caractéristiques (naissance et mort, mobilité, etc.).

4.1.6   Sondage de canal
Nous détaillons ici une utilisation spécifique de la plateforme radio présentée précédemment. En effet, que ce soit pour caractériser le comportement du canal radio dans des scénarios spécifiques ou pour vérifier la validité de résultats de simulations tenant compte de l'environnement de propagation, il est important de pouvoir utiliser ces moyens de mesure de manière appropriée.

Le but du sondage de canal est de recueillir des informations détaillées en temps et en fréquence sur le comportement du canal, et non pas seulement une atténuation moyenne du lien [Mol11]. En particulier, la détermination des différentes fonctions de Bello [Bell63] qui permettent de caractériser la stabilité du canal (temps de cohérence, bande de cohérence, Doppler, etc...). De nombreux principes de mise en œuvre de sondeurs de canaux existent, principalement divisés en deux grandes catégories : les systèmes fonctionnant dans le domaine fréquentiel et ceux fonctionnant dans le domaine temporel. Les premiers se basent généralement sur des analyseurs de réseaux vectoriels, qui possèdent leur propre source synchronisée permettant un balayage sur une très large bande de fréquences, et reconstruisent le comportement temporel du canal par une transformée de Fourier inverse. Cet aspect large bande est un des grands avantages de ces approches, par contre le temps de balayage non négligeable de ces systèmes ne permet pas de capturer de manière fine les fluctuations rapides du canal.

Les sondeurs basés sur des méthodes temporelles utilisent un générateur séparé, émettant selon les cas une impulsion ou un signal étalé, et un récepteur basé sur un oscilloscope ou un analyseur de spectre vectoriel. C'est alors la largeur de bande de ces matériels qui est le facteur le plus limitant de ces méthodes, impactant la résolution temporelle du sondeur. Le but étant pour nous de réutiliser le même matériel pour le sondage de canal que pour les autres types de mesures, nous avons donc naturellement mis en place un sondeur temporel, basé sur l'ESG et le VSA présentés au 2.4.1.4.

Le générateur d'ondes arbitraires émet donc un signal étalé autour de la fréquence centrale souhaitée pour l'analyse, basé sur un étalement par séquence PN (d'ordre entre 9 et 23 selon les cas, suivant la dynamique et la profondeur de canal à étudier). Ce système peut fonctionner jusqu'à 6 GHz, et possède une cadence d'échantillonnage maximale du signale de 46 Ms/s, soit une résolution temporelle de 21.7 ns. Cette résolution est relativement grossière par rapport à certains sondeurs dédiés, mais nous apparait suffisante pour étudier l'influence des variations temporelles du canal sur des récepteurs mobiles qui n'auront, de fait, généralement pas une résolution supérieure.

Dans un premier temps, ce système de sondage a été utilisé pour valider le réalisme de simulations systèmes avec ADS-Ptolemy pour des systèmes WiFi. La modélisation du canal WLAN dans ce logiciel est basée sur les modèles de l'ETSI, définissant des *power delay profiles* (PDP) pour des environnements de référence. Le bloc de canal ADS génère donc autant d'échos que dicté par le modèle ETSI, chaque écho recevant une atténuation propre et apparaissant avec un retard donné. Ainsi, pour valider les résultats de simulation ADS et permettre une modélisation optimisée du canal, nous avons utilisé ce système de sondage pour déterminer les PDP du canal *indoor* à 2.45 GHz (voir par exemple la Figure 31) [Morl07]. Cette approche n'avait en soit rien de révolutionnaire, mais nous a permis d'une part de vérifier que nous étions globalement en accord avec les valeurs trouvées dans la littérature sur le domaine, mais également nous a permis de réduire fortement les temps de nos simulations systèmes. En effet, comme notre souhait était de concevoir des architectures sous ADS, puis de les tester en environnement réel grâce à la *connected solution* présentée précédemment, la campagne de mesure réalisée à cette occasion a mis en évidence le fait qu'un modèle ADS avec un nombre nettement réduit de trajets (échos) pris en compte suffisait pour garantir des résultats réalistes en termes de BER. Les temps de ces simulations systèmes étant directement liés au nombre d'échos, le gain de développement a été grandement amélioré.

Dans un second temps, cette même approche a été réutilisée pour valider les simulations de l'outil Wiplan basé sur MR-FDPF (détails dans la partie 2.4.2.3). Toujours à partir du même process de sondage, d'autres paramètres ont été extraits des traces temporelles mesurées, en plus de la puissance moyenne et du PDP : évolution de la réponse impulsionnelle au cours du temps, temps de cohérence, bande de cohérence, retard moyen, retard RMS, etc... La Figure 32 présente la répartition des points de mesure d'une campagne effectuée à 3.5 GHz et les Figures 33 à 37 montrent les résultats obtenus (comparés aux résultats obtenus en simulation pour les Figures 34 à 37). Globalement, ces mesures ont permis de confirmer le bon comportement du logiciel Wiplan, tout en mettant en évidence certaines limitations, notamment une estimation peu fiable des retards moyens, due à la limitation 2D de l'approche.

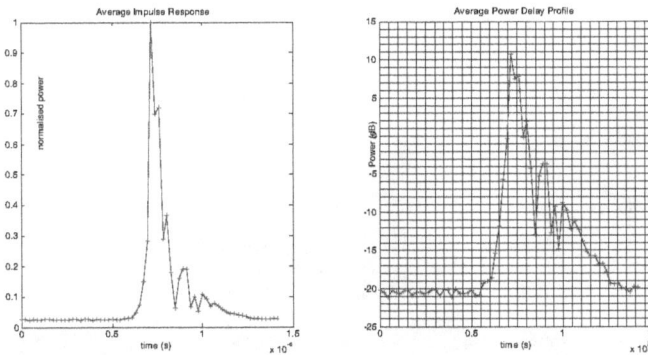

Figure 31.   *Exemples de réponse impulsionnelle et de PDP obtenus à partir du sondeur de canal développé.*

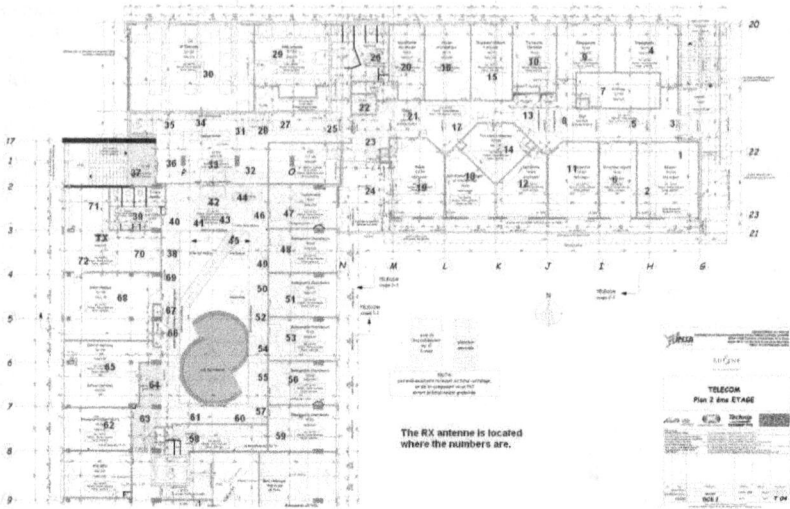

Figure 32.   Vue générale du scénario étudié : le campus de la Doua, E représentant l'émetteur, la bâtiment du laboratoire CITI étant entouré en rouge. Les points bleus sur la figure de gauche représentent les points de mesure.

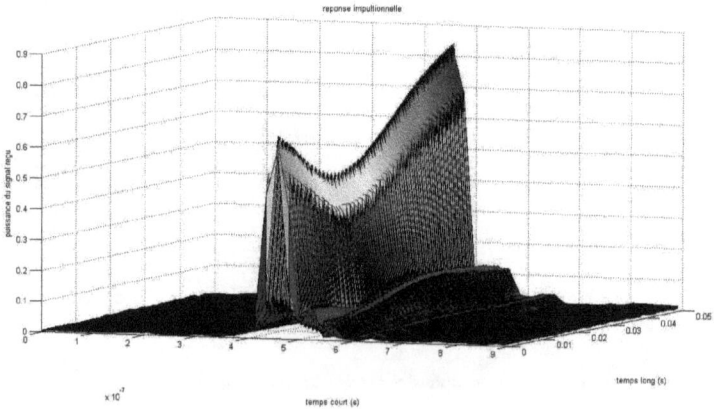

Figure 33.   Exemple de l'évolution de la réponse impulsionnelle au cours du temps (cas d'un récepteur mobile).

Power

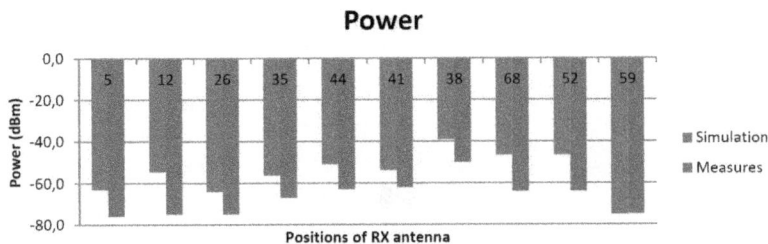

Figure 34. *Comparaison des puissances reçues (en dBm) en certains points entre les valeurs simulées et mesurées.*

Coherence Bandwidth

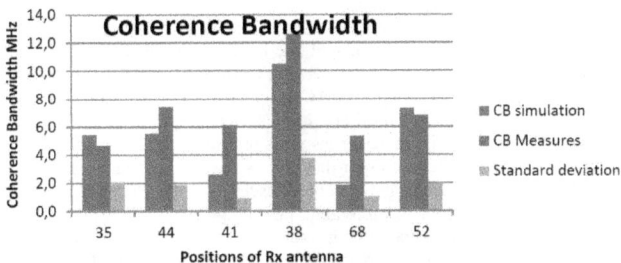

Figure 35. *Bande de cohérence comparée entre les simulations MR-FDPF et les mesures.*

Mean Delay

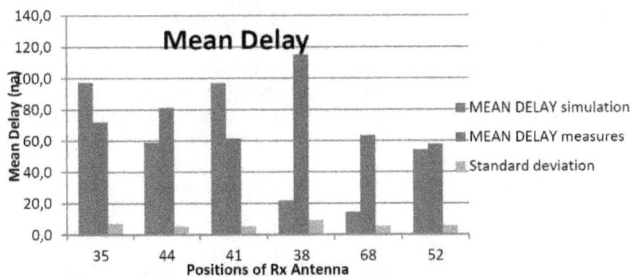

Figure 36. *Délai moyen comparé entre les simulations MR-FDPF et les mesures.*

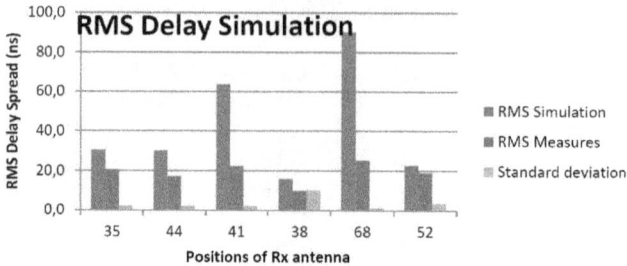

Figure 37.   *Délai RMS comparé entre les simulations MR-FDPF et les mesures.*

4.1.7   Choix des outils et processus d'évaluation

Pour établir une brève synthèse sur ces différents outils, nous pourrions bien sûr conclure que chaque outil a ses avantages et ses inconvénients, et que l'idéal serait de pouvoir tous les fusionner en un seul et même outil qui simulerait en même temps les architectures matérielles, les traitements numériques, le canal de propagation et tous les mécanismes MAC associés aux réseaux à étudier. Non seulement cette approche conduirait à un outil bien trop lourd et complexe, mais également le fait de trop augmenter le nombre de paramètres a tendance à vite masquer les vrais problèmes. Par exemple, expliquer pourquoi un résultat de simulation de BER est très différent des bornes théoriques peut vite devenir un casse-tête si toutes les parties de la chaîne de transmission sont modélisées avec des éléments tous très complexes. Une approche pas à pas est alors généralement préférable, permettant d'aller de la modélisation la plus simple et dépouillée (modèles de composants idéaux par exemple), où la validation théorique est encore aisée, pour progresser graduellement vers plus de réalisme (intégration de défauts RF par exemple) pour enfin pouvoir confronter ces résultats de simulations à des valeurs expérimentales.

C'est cette approche que nous avons privilégiée dans la plupart des travaux présentés par la suite [Vill10]. De plus, le recours à ces outils très différents permet non seulement des validations expérimentales à plusieurs niveaux, mais également d'alimenter chacun des outils de simulation avec des valeurs pertinentes et réalistes issues des autres outils. La plateforme radio permet d'établir les mesures nécessaires à l'étalonnage de Wiplan, mais aussi au dimensionnement des modèles de canaux sous ADS. Elle permet également des mesures en environnement réel à partir de structures simulées. Egalement, les valeurs de puissances reçues estimées avec Wiplan peuvent permettre une évaluation fine du SNR et donc une prédiction plus réaliste du BER. L'intégration de simulations Wiplan dans un simulateur réseau permet au-delà d'avoir une représentation fine des taux d'erreur des paquets échangés dans un standard de communication donné. Toutes ces briques de base permettent donc d'aller vers plus de réalisme et vers des cycles de conception/validation plus courts et à priori plus robustes.

4.2 Evolutions de l'outil de simulation de la propagation et du lien radio: Wiplan

4.2.1   MR-FDPF : points clés

L'origine : Parflow temporel

Le logiciel de prédiction de la propagation développé au laboratoire CITI, nommé Wiplan, est un outil déterministe basé sur le code de calcul MR-FDPF (*Multi-Resolution Frequency Domain ParFlow*).

Comme le nom l'indique, il s'agit d'une transposition dans le domaine fréquentiel de la méthode Parflow développée par Chopard [Chop97]. Cette méthode Parflow est basée sur un formalisme d'automate cellulaire, où l'environnement à décrire est discrétisé en une grille en deux dimensions. A chaque point d'intersection de la grille (aussi appelé pixel), le champ électrique est supposé être la somme de flux fictifs circulant le long des lignes de connexion entre ce pixel et ses quatre pixels voisins. A chaque instance temporelle, ces flux peuvent voyager le long de ces lignes ou bien rester stationnaires (appelé le flux interne). Les flux arrivant à un pixel sont nommés les flux entrants, ceux en partant les flux sortants. L'évolution temporelle de ce modèle suit une loi de diffusion qui obéit aux équations de Maxwell :

$$\vec{F}(r,t) = \sum(r)\,\tilde{F}(r,t-\Delta t) + \vec{S}(r,t) \tag{24}$$

où $\vec{F}(r,t)$ désigne les flux sortants, $\tilde{F}(r,t)$ les flux entrants, $\sum(r)$ la matrice de diffusion et $\vec{S}(r,t)$ les sources.

La matrice de diffusion permet de décrire l'influence des matériaux sur la propagation (indice de réfraction, ainsi que d'absorption [Luth98]). Le terme de source permet de créer des sources de rayonnement qui génère des flux sortants vers les autres pixels voisins.

Transposition fréquentielle : FDPF

Gorce et al [Gorc07] ont par la suite proposé la transposition de cet automate dans le domaine fréquentiel. Cette transposition apporte l'avantage de pouvoir extraire les flux internes de la formulation, et de plus permet d'obtenir une forme linéaire de l'équation locale de diffusion :

$$\vec{F}(r,\vartheta) = \sum(r,\vartheta)\,\tilde{F}(r,\vartheta) + \vec{S}(r,\vartheta) \tag{25}$$

où $\sum(r,\vartheta) = \sum(r)\,e^{-j2\pi\vartheta dt}$.

Sous cette forme, l'étude harmonique conduit à la résolution d'un grand système linéaire dont les variables sont les flux, regroupés dans un unique vecteur :

$$\tilde{\underline{F}}(\vartheta) = \left(\tilde{F}(0,\vartheta),..,\tilde{F}(M-1,\vartheta)\right)^t \tag{26}$$

L'espace tensoriel associé aux flux entrants et sortants est identique, les deux espaces vectoriels étant liés par une permutation d'indice $\vec{\underline{F}} = \underline{P}.\tilde{\underline{F}}$ .On note alors $\underline{F}$ sans distinction le vecteur contenant l'ensemble des flux.

Ainsi, à fréquence donnée, il s'agit de résoudre le système linéaire suivant :

$$\left(I_d - \underline{\Omega}\right).\underline{F}(\vartheta) = \underline{S}(\vartheta) \tag{27}$$

avec $\underline{\Omega} = \underline{P}.\underline{\sum}$.

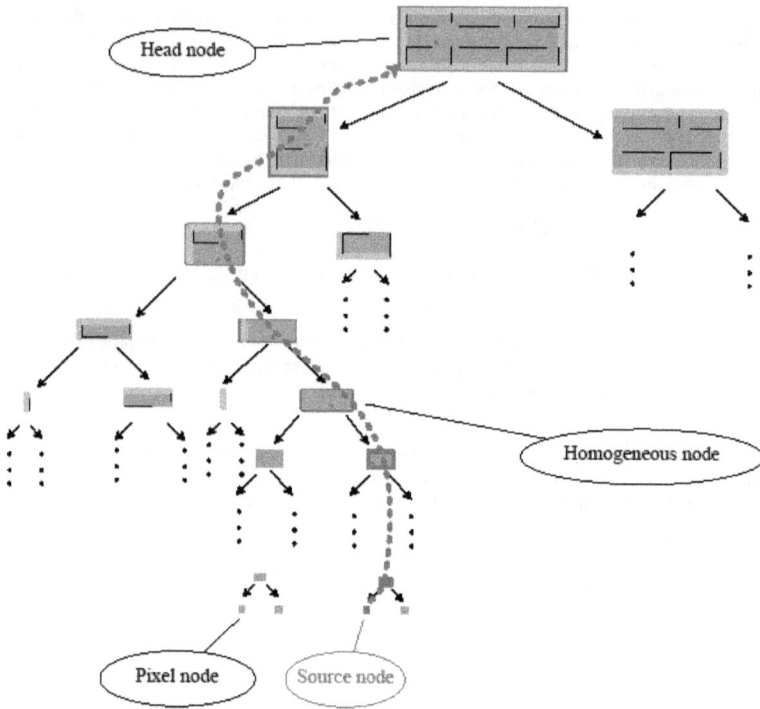

Figure 38.   Arbre binaire de découpage de l'environnement de simulation en MR-nœuds pères et fils, et placement d'une source sur un pixel.

L'inversion de ce système permet de calculer le champ permanent pour une source harmonique. La résolution de l'équation harmonique des flux partiels limite donc la portée de l'approche à l'étude de la réponse bande étroite du canal. Notons toutefois que la réponse impulsionnelle peut être échantillonnée en fréquence grâce à la résolution du système à plusieurs fréquences.

La résolution de ce système linéaire peut s'envisager sous la forme d'une suite géométrique :

$$\tilde{\underline{F}} \; = \; \sum_{k=0}^{\infty}(\underline{\Omega})^{k}\cdot\tilde{\underline{S}} = \tilde{\underline{S}} + \underline{\Omega}\cdot\tilde{\underline{S}} + \left(\underline{\Omega}\right)^{2}\cdot\tilde{\underline{S}} + \cdots \qquad (28)$$

Approche Multi-résolution : MR-FDPF

Comme l'on peut extraire les flux internes de la formulation, car ils n'interviennent que dans l'équation locale du pixel, cette formulation fréquentielle a été associée à une approche multi-résolution (MR-FDPF). Cette approche permet non seulement une résolution exacte du problème, mais offre également le gros avantage de découper le problème en deux phases : une phase de pré-process de l'environnement (indépendante de la position des sources), puis une phase de propagation des sources.

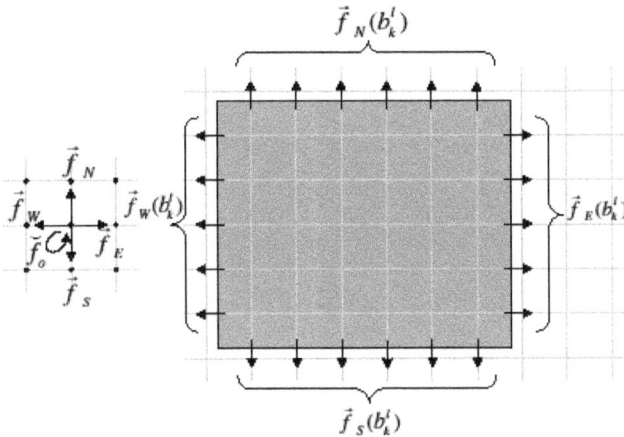

Figure 39.   Regroupement des flux sortant d'un MR-nœud.

L'approche Multi-résolution évite l'inversion directe de la matrice par la définition d'une décomposition en arbre binaire de l'environnement de propagation à simuler. Cet arbre se base sur le concept de nœuds multi-résolution ou MR-nœuds. Le scénario à simuler (*Head node*) est découpé en deux nœuds fils le long d'une discontinuité des matériaux (un mur par exemple). Par la suite, chacun de ces nœuds fils est de même découpé en deux, et ainsi de suite (voir Figure 38). L'arbre se termine quand on atteint le niveau du pixel.

Ainsi, chaque MR-nœuds possède les mêmes propriétés qu'un pixel, excepté qu'il représente l'association d'un groupe de pixels. Ses flux entrants et sortants répondent également à l'équation de diffusion, et sa matrice de diffusion locale peut être dérivée directement de celles de ses nœuds fils (Figure 39).

Calcul de la propagation

Dès lors, une fois le pré-process effectué, et donc l'arbre binaire construit, la propagation d'une ou plusieurs sources peut être calculée. Si l'on prend l'exemple d'une seule source élémentaire (intrinsèquement omnidirectionnelle), le pixel désigné comme source pour la simulation sert de point de départ au calcul multi-résolution. Comme présenté dans la Figure 38, le calcul de propagation s'effectue en deux phases (dénommées *upward* et *downward*). Tout d'abord les sources équivalentes au nœud père du pixel source sont calculées (remontée de la ligne pointillée rouge sur la Figure 38). Les sources équivalentes sont calculées pour le père du MR-nœud source à chaque niveau de l'arbre jusqu'à atteindre le *Head node* (fin de la phase *upward*). Ensuite, la phase *downward* redescend l'arbre binaire, du *Head node* jusqu'à tous les pixels de l'environnement, en divisant chaque MR-nœud en ses fils.

Ainsi, une cartographie de l'environnement peut être représentée en puissance moyenne, directement proportionnelle au carré des flux entrants de chaque pixel à la fin de la phase *downward*, donnant une solution exacte sans approximation (des exemples ont déjà été présentés aux Figures 21et 22). De plus, si l'on souhaite une vision plus globale avec un temps de calcul accéléré, il est bien entendu possible de stopper la phase *downward* à des MR-nœuds de plus grande taille sans descendre jusqu'au niveau du pixel. On s'arrête dans ce cas au niveau des blocs homogènes, c'est-à-dire des MR-nœuds de plus grande taille ne contenant plus qu'un seul et même matériau dans ses nœuds fils. La taille de ces blocs homogènes dépend de l'environnement lui-même, mais également de la méthode de découpage de l'environnement lors du pré-process (différentes approches ayant été présentée dans [Roche05, Runs05] notamment).

En résumé, la prédiction basée sur MR-FDPF peut se résumer en quatre phases principales :

- Une phase de discrétisation de l'environnement et de découpage de celui-ci pour former l'arbre binaire ;
- La phase de pré-process qui calcule la matrice de diffusion de chaque MR-nœud de l'arbre à partir de celles de ces nœuds fils (phase la plus lourde car requérant de nombreuses inversions de matrices) ;
- La phase de propagation de la source *upward* du pixel source jusqu'au *Head node* ;
- La phase de propagation *downward*, du *Head node* jusqu'à chaque pixel (ou bloc homogène) de l'environnement.

Comme déjà évoqué au 2.4.1.2, il est également possible, afin d'affiner la précision de la prédiction, d'effectuer une phase d'étalonnage du simulateur. Cet étalonnage se base alors sur un jeu de mesures effectuées sur le site à simuler, afin de fournir des valeurs de référence. A partir de ces références, les indices de réfraction et d'atténuation des matériaux sont ajustés afin de minimiser une fonction de coût définie par :

$$Q = RMSE = \sqrt{\frac{1}{m}\sum_{k=0}^{m}\|\psi_{mes}(k) - \psi_{pred}(k)\|^2}$$

(29)

où $\psi_{mes}(k)$ représente la puissance moyenne mesurée et $\psi_{pred}(k)$ la puissance moyenne simulée, *m* étant le nombre de références.

Stabilité, complexité et précision

Comme toute méthode discrète, la résolution nécessaire de l'environnement (en clair la taille des pixels) est contrainte par la longueur d'onde du signal à propager. Empiriquement, il a été montré que cette méthode offrait une bonne stabilité des résultats pour un critère de taille du pixel inférieur ou égale à $\lambda/6$.

La complexité de cette méthode, dans l'approche 2D présentée ici, est en $O(N^3)$ pour la phase de pré-process, puis en $O(N^2.log(N))$ pour la phase de propagation, soit bien inférieur à la méthode temporelle [Roche11]. De plus, la rapidité de cette seconde phase permet de simuler la propagation d'un grand nombre de sources dans un même environnement pour un coût de calcul additionnel faible.

En termes de précision, les différentes études menées pour divers environnements *indoor* avec comparaison à des campagnes de mesures ont montré des précisions (critère RMSE sur la puissance moyenne) globalement entre 2 et 8 dB. Cette précision varie bien sûr en fonction du nombre de points de références utilisés pour l'étalonnage des simulations.

4.2.2 Intégration de la synthèse de diagramme

Limites de la méthode MR-FDPF pour les sources

En 2004, dans le cadre du projet de Master de Régis Lecoge, nous nous sommes intéressés à l'utilisation d'antennes intelligentes dans les réseaux ad hoc. Afin d'offrir un outil d'évaluation de la qualité du lien radio pour ce type de réseaux, nous avons cherché à utiliser le logiciel Wiplan que nous développions au laboratoire dans ce cadre. Cependant, une limite importante pour ce genre de simulation était la définition des sources de rayonnement. En effet, intrinsèquement, la définition d'un pixel comme source dans le code MR-FDPF revient à générer un rayonnement omnidirectionnel (flux sortants équivalents dans chaque direction). Il aurait été possible, afin de rendre directive ces sources, de pondérer chacun de ces flux afin de ne plus être parfaitement omnidirectionnel, mais cette solution, restreinte à uniquement quatre flux, aurait été des plus limitée. Nous avons donc cherché une méthode permettant de générer des formes de diagrammes de rayonnement variées, décrivant le comportement de points d'accès WiFi directifs par exemple, ou au-delà de la formation de faisceau.

Synthèse de diagramme

Nous nous sommes donc inspirés des méthodes de synthèse de diagramme, afin de former le rayonnement souhaité à partir de la combinaison de plusieurs sources de rayonnement élémentaires, toutes intrinsèquement omnidirectionnelles [Vill06]. Ainsi, en jouant sur des poids complexes attribués à chacune de ces sources élémentaires, il est possible de créer une fonction caractéristique de rayonnement de la forme :

$$F(\theta) = \sum_{n=1}^{N} x_n e^{-j\beta d \cos\theta} \qquad (30)$$

où x_n représente le poids complexe attribué au nième élément, d est la distance entre deux éléments et θ est l'angle considéré dans le plan de rayonnement, pour un réseau de N éléments.

Dans notre approche, un réseau de sources élémentaires uniformément espacées de taille NxN a été considéré. Une approche classique de synthèse de diagramme eut été de se baser sur une transformée de Fourier discrète, et donc de déterminer les poids à attribuer aux sources en fonction d'un diagramme cible par une transformée inverse (IDFT). Cette méthode simple et efficace pour le pointage de faisceau ne permet cependant que de répondre à un nombre limité de critères (gain et ouverture par exemple), mais pour un nombre limité d'éléments et une résolution spatiale fine du diagramme cible, elle n'apparait pas adaptée.

La méthode que nous avons proposée est donc indépendante du nombre d'éléments comme du nombre de contraintes. En nommant $\vec{z}$ une représentation vectorielle du diagramme désiré pour chaque direction et $\vec{x}$ le vecteur des pondérations à appliquer, nous pouvons construire :

$$\vec{z} = H\vec{x} \qquad (31)$$

avec

$$H = \begin{bmatrix} 1 & \cdots & e^{j2\pi((N-1)\cos\theta_1 + (M-1)\sin\theta_1)} \\ \vdots & \ddots & \vdots \\ 1 & \cdots & e^{j2\pi((N-1)\cos\theta_n + (M-1)\sin\theta_n)} \end{bmatrix} \qquad (32)$$

pour un réseau de NxM sources avec *n* directions fixées.

Dès lors, le calcul de l'inverse de H permet d'obtenir les pondérations à imposer aux NxM sources pour former le diagramme désiré :

$$\hat{x} = \frac{H^\dagger}{H^\dagger H} \vec{z}$$

(33)

Afin de prévenir l'apparition d'oscillations trop importantes entre les points fixes, deux termes de régularisation ont été introduits:

$$\hat{x} = \frac{1}{H^\dagger H + \mu_0 D^T D + \mu_1 I} H^\dagger \vec{z}$$

(34)

avec

$$D = \begin{vmatrix} \ddots & \ddots & \ddots & & \ddots \\ \ddots & -1 & 1 & 0 & 0 \\ \ddots & 0 & -1 & 1 & 0 & \ddots \\ \ddots & 0 & 0 & -1 & 1 & \ddots \\ & 0 & 0 & 0 & \ddots & \ddots \end{vmatrix}$$

(35)

et *I* est la matrice identité. Les termes μ_0 et μ_1 sont ajustés empiriquement pour ajuster le lissage du diagramme de rayonnement.

Une fois ces poids complexes déterminés, le logiciel Wiplan est utilisé avec le réseau de NxM sources correspondant, chaque source étant considérée avec l'amplitude et la phase appropriée. Autant de phases *Upward* que de source doivent être réalisées, mais pour optimiser le temps de calcul, une fois le *Head node* atteint, tous les champs sont sommés afin de ne réaliser qu'une seule phase *Downward*. Ainsi le temps de simulation n'augmente que faiblement en fonction de la complexité du diagramme à représenter.

Résultats

Différents tests ont été effectués à partir de divers diagrammes à synthétiser. On peut voir en Figure 40 la synthèse d'un diagramme de type sinus (approximation classique d'un rayonnement d'antennes de type patch). A partir d'un simple réseau de 3x3 éléments, on obtient déjà une très bonne modélisation de ce diagramme, avec les mêmes valeurs de gain et d'ouverture, et un rapport avant-arrière (*front-to-back ratio*) de 34 dB, ce qui permet de très bien prendre en compte l'aspect directif de ce type d'antennes.

Radiated power (dBm)

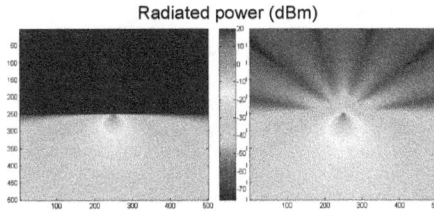

Figure 40.   Puissance rayonnée dans un espace vide de 500x500 pixels (pas de 5 cm), pour une PIRE de 20 dBm. A gauche : diagramme désiré, à droite : diagramme réalisé avec 3x3 éléments espacés de λ/6.

Dans un environnement de simulation plus réaliste, la Figure 41 montre la prédiction de couverture dans un même bâtiment pour deux antennes sources : une antenne omnidirectionnelle (source de base du code), et une antenne directive modélisée par un réseau de 6x6 éléments, la même PIRE étant appliquée dans les deux cas. L'environnement mesure 71 mètres par 17, et la prédiction est donnée pour une fréquence de 2.45 GHz, avec un pas de 2 cm. Ces résultats illustrent bien l'intérêt de la prise en compte de la directivité des antennes sources (ici pour une ouverture de 120°).

En termes de temps de calcul, le pré-process prenait (à l'époque, sur un Pentium 4 à 3.2 GHz avec 2 Go de mémoire) 5.6 s (même temps bien sûr dans les deux cas). La phase de propagation (*Upward+Downward*) demande elle 0.2 s pour l'antenne omnidirectionnelle, et 0.8 s pour l'antenne synthétique. Une campagne de mesure sur 100 points de référence a permis de montrer que cette nouvelle modélisation permettait, dans le cas d'une antenne à large ouverture (180°), de passer d'une erreur moyenne (RMSE) de la prédiction de 5.8 à 4.4 dB. Cette méthode a donc par la suite était intégrée au logiciel pour la modélisation de toute antenne directive.

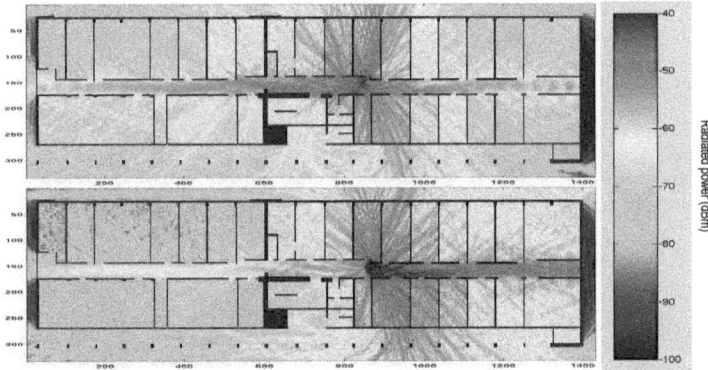

Figure 41.   Prédictions de couverture (dBm) pour une antenne omnidirectionnelle (en haut) et une antenne directive (en bas) pointant vers la droite avec la même PIRE de 17 dBm.

4.2.3   Extraction de nouveaux paramètres

Dans le cadre du projet européen iPlan, et plus particulièrement de la thèse de Meiling Luo, nous nous sommes intéressés à l'extraction de nouveaux paramètres à partir du logiciel Wiplan (et donc du code MR-FDPF). En effet, outre l'intérêt en termes de temps de calcul de la méthode pour prédire une puissance moyenne en tout point de l'environnement, les simulations permettent aussi d'obtenir une cartographie avec un pas très fin des valeurs de champs électrique en amplitude et en phase. L'approche MR-FDPF peut donc offrir bien plus d'information qu'une simple puissance moyenne. Principalement, l'idée maîtresse était de pouvoir fournir des informations statistiques sur la qualité du lien radio, exploitables par la suite par exemple par un simulateur réseau.

Extraction du Shadowing

L'atténuation d'espace (ou *pathloss*) instantanée entre un émetteur et un récepteur peut être exprimée, en décibels, par :

$$PL(d) = L(d) + X_\sigma + F \tag{36}$$

où $L(d)$ désigne le *pathloss* moyen, X_σ désigne le *shadowing* (ou effet de masque) et F le *fading*.

L'idée était donc de pouvoir, à partir de simulations déterministes prenant intrinsèquement en compte tous les trajets, et donc la superposition du *pathloss*, du *shadowing* et du *fading*, déterminer les caractéristiques séparées de ces trois grandeurs (comme elles avaient par exemple été présentées en Figure 8). Ainsi, on suppose que le *pathloss* moyen peut s'exprimer sous la forme :

$$L(d) = L_0 + 10n \cdot \log_{10}(d) \tag{37}$$

où L_0 désigne la constante liée à la propagation en espace libre et n est le *pathloss exponent*.

On peut alors, à partir des simulations MR-FDPF chercher à séparer ce terme des effets de *shadowing* et de *fading*.

Le scénario de référence utilisé pour cette étude était basé sur les mesures effectuées à Stanford par N. Czink [Czi08], comprenant des relevés entre 8 émetteurs et 8 récepteurs dans un environnement *indoor*. La simulation de la propagation d'un signal à 2.45 GHz dans cet environnement est présentée en Figure 42.

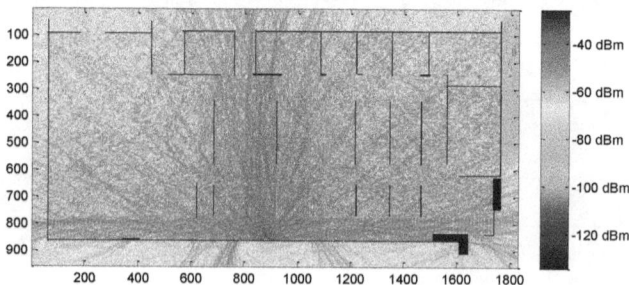

Figure 42.   *Exemple de prédiction de couverture en puissance (dBm) dans l'environnement d'étude (Stanford)pour l'un des 8 émetteurs.*

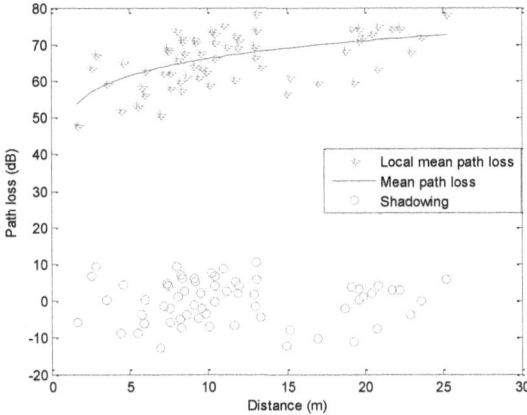

Figure 43.   Extraction à partir des valeurs locales de simulation MR-FDPF du pathloss moyen (courbe noire) et du shadowing (ronds bleus).

En se basant sur ces valeurs (simulées ou mesurées), nous avons moyenné localement les valeurs pour supprimer les effets petite échelle du *fading*. En accord avec la littérature [Saun07, Pars00], il s'est avéré qu'un moyennage sur une zone de $3.8\lambda \times 3.8\lambda$ permettait de garantir un intervalle de confiance à 90%. Après moyennage, on obtient ainsi, issu des simulations, le modèle de *pathloss* suivant (en décibels) :

$$L(d) = 50.26 + 10 \times 1.592 \cdot log_{10}(d) \tag{38}$$

De même, à partir des mesures, on extrait les valeurs suivantes :

$$L(d) = 47.25 + 10 \times 1.442 \cdot log_{10}(d) \tag{39}$$

Dès lors, comme illustré sur la Figure 43, on peut déterminer les valeurs du *shadowing* en retranchant des valeurs moyennées l'expression de *Lo* déterminée. On obtient ainsi les valeurs résumées dans la Table 1.

	n	Ecart-type σ
MR-FDPF	1.59	5.87 dB
Mesures	1.44	7.66 dB

Table 1.   Comparaison des valeurs obtenus de l'indice n et de l'écart-type du shadowing entre les simulations MR-FDPF et les mesures pour le scénario de Stanford I2I.

On vérifie ainsi, d'une part que les valeurs trouvées sont du même ordre pour la simulation et la mesure, mais également d'autre part qu'elles sont en accord avec ce que l'on peut attendre dans ce type d'environnement (*n* inférieur à 2, dû aux effets de guide dans ce milieu *indoor*, ainsi qu'un écart-type du *shadowing* de l'ordre de 5 à 8 dB, la valeur légèrement inférieure en simulation pouvant provenir de la modélisation uniquement 2D du problème).

Statistiques petite échelle

Pour ce qui est de la détermination des effets du *fading,* nous avions, dès 2007 [Roche07-2], montré que la résolution spatiale de nos simulations MR-FDPF permettait de caractériser le type de fading, sous la forme par exemple d'un facteur de Rice.

Pour aller au-delà, nous avons à construire un modèle permettant de déterminer encore d'avantage de paramètres. En considérant le canal de propagation sous la forme d'une fonction de transfert dépendant de la fréquence et de l'espace, on peut l'exprimer sous la forme suivante (modèle SLAC, *Stochastic Local Area Channel* [Fleu99]) :

$$H(f,\vec{r}) = \sum_{i=1}^{N}\alpha_i \exp(j[\Phi_i - \vec{k}_i\cdot\vec{r} - 2\pi f\tau_i]) + w(f,\vec{r}) \qquad (40)$$

Ce modèle décrit le canal comme une somme d'ondes planes en tout point, chacune d'amplitude $\{\alpha_i\}$, de vecteur d'onde $\{\vec{k}_i\}$, de retard $\{\tau_i\}$, et de phase $\{\Phi_i\}$ qui est une réalisation d'une variable aléatoire suivant une distribution uniforme dans l'intervalle $[0,2\pi]$. Le terme $w(f,\vec{r})$ correspond au composant diffus de l'onde et est supposé être une réalisation d'un processus aléatoire gaussien de moyenne nulle. On suppose donc que cette fonction de transfert, tout comme la prédiction de champ électrique de la méthode MR-FDPF est une réalisation du processus stochastique correspondant.

Dès lors, les paramètres $\{\alpha_i,\tau_i,\vec{k}_i\}_{i=1}^{N}$ de ce modèle SLAC sont déterminés en utilisant un algorithme de type SAGE (*Space-Alternating Generalized Expectation-maximization*) [Fleu99] permettant d'approcher l'estimation par maximum de vraisemblance. A partir de ces paramètres estimés, nous pouvons déduire les principales propriétés statistiques du canal radio : *power delay profile* (PDP) $\hat{S}(\hat{\tau}_i)$, la fonction de densité de probabilité (PDF) $\hat{f}_R(\rho)$, la fonction de corrélation fréquentielle (FCF) $\hat{C}(\Delta f)$, le coefficient de Rice $\hat{K}$, le délai moyen $\hat{\tau}_m$, et le délai quadratique moyen $\hat{\tau}_{rms}$. Le détail de ces expressions peut être trouvé dans [Luo13-3]. Une campagne de mesure dans les locaux du laboratoire CITI a été effectuée à 3.5 GHz, en utilisant un réseau virtuel avec 9 positions d'antenne pour chaque point de mesure. Les simulations utilisaient un pas de 1.4 cm et une estimation basée sur 7x7 pixels pour chaque position. Les résultats ont permis de montrer que cette approche permettait effectivement de donner des valeurs comparables entre la simulation et la mesure (voir par exemple Figure 44), cependant de plus larges campagnes fournissant un plus large éventail de données seraient nécessaires pour confirmer cela.

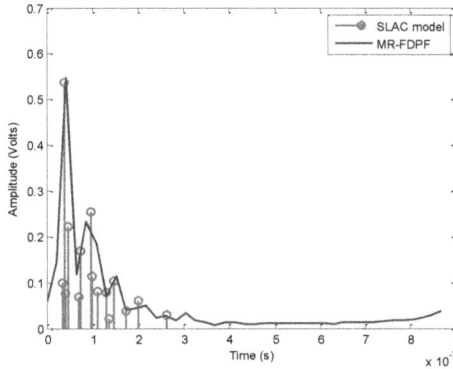

Figure 44.   Exemple de comparaison entre les réponses impulsionnelles simulées par MR-FDPF et estimées par le modèle SLAC.

Simulations large bande (wideband)

Bien entendu, pour déterminer les propriétés statistiques d'un canal de transmission, il est généralement nécessaire de simuler son comportement sur l'ensemble de la largeur spectrale occupée par le signal. La méthode MR-FDPF étant par définition bande étroite (plus exactement résolue à une fréquence donnée), la modélisation d'un canal plus large bande doit donc se faire au prix de plusieurs itérations de ce même modèle à plusieurs fréquences successives.

Une étude spécifique a été menée pour vérifier la représentativité des résultats obtenus avec cette approche pour des signaux large bande. Particulièrement, le but était de caractériser le comportement fréquentiel du *fading* pour un canal de communication de type WLAN plus large que les standards actuels. En effet, les systèmes actuels utilisant des signaux de type OFDM, chaque sous-porteuse (ou groupe de sous-porteuses) peut expérimenter un niveau de *fading* complètement différent de celui subi par les autres au même instant. Dès lors, tous les standards émergeants tendent à utiliser des principes de modulations adaptatives, qui allouent à chaque sous-porteuse l'ordre de modulation correspondant le mieux à ses conditions de *fading*. Ainsi, pour permettre une prédiction réaliste de la capacité d'un lien radio large bande, il est alors nécessaire que le modèle rendent compte correctement de ces effets de variations fréquentielles du *fading*.

Le scénario cible est à nouveau basé sur les mesures effectuées à Stanford [Czi08]. Une première évaluation a été faite dans la bande des 2.45 GHz, sur une largeur de canal de 70 MHz [Luo11]. En se basant sur les 64 liens Tx-Rx du scénario I2I, il est apparu que les simulations MR-FDPF permettaient de retrouver le comportement global du *fading* fréquentiel. En effet, le but étant de retranscrire le comportement statistique du canal, les simulations sont effectuées à tous les points fréquentiels, mais après un étalonnage du simulateur à la fréquence centrale. Ainsi, la valeur moyenne tout comme les fluctuations dans la bande sont fidèlement représentées, mais ces simulations ne capturent pas la valeur exacte du *fading* à chaque point fréquentiel (voir Figure 45). Pour caractériser cette intensité du *fading* sur la bande, nous avons choisi de calculer la valeur du paramètre *fading depth* (FD, ou profondeur d'évanouissement) :

$$FD = \overline{P}_t - \min(P_i) \qquad (41)$$

avec $\overline{P}_t$ désignant la moyenne des puissances reçues et $\min(P_i)$ la valeur minimale.

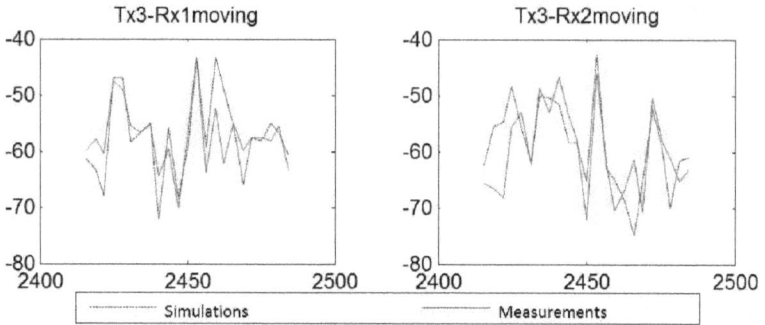

Figure 45.   Exemple de comparaison entre les atténuations du canal radio (en décibels) en fonction de la fréquence (en MHz). En bleu : valeurs simulés, en rouge : valeurs mesurées.

Pour ce même scénario, on obtient alors une valeur de FD=12,7 dB en mesure, contre FD=14,5 dB en simulation, pour l'ensemble des différents liens. De même, une évaluation des performances d'un système à modulation adaptative a été faite pour le même scénario, en considérant cette fois-ci une bande totale de 50 MHz. On suppose un signal OFDM basé sur 128 sous-porteuses, groupées par 4 pour l'allocation de l'ordre de modulation, ainsi que 4 schémas possibles (BPSK, QPSK, 16QAM et 64QAM). Avec cette approche, nous avons montré que nous obtenions le même rapport de débit entre un système avec modulation adaptative et un système à modulation uniforme, que ce soit en simulation ou en mesure (ce rapport étant de 1.4). Toutefois, il est à noter que les débits prédits en simulation sont légèrement surestimés (173 Mbps contre 146 Mbps à partir des mesures).

En parallèle de cette analyse du potentiel de simulation large bande de la méthode MR-FDPF, des travaux ont été menés pour proposer une optimisation du temps de calcul pour ce genre d'approche. En effet, il apparait intéressant de trouver un moyen de ne pas reproduire toutes les phases du calcul MR-FDPF pour chacune des fréquences à étudier. Le résultat, présenté dans [Uman12], est basé sur un développement en série de Neumann [Mey00] à partir de l'expression (27), pour déterminer le champ $F(\vartheta + \Delta\vartheta)$ à partir du champ $F(\vartheta)$. Le grand intérêt de cette approche est qu'elle ne nécessite qu'une seule phase de préprocess à la fréquence centrale, mais par contre elle requière un nombre de phases *upward* proportionnelle au nombre de termes utilisés dans le développement. Suivant la précision et la largeur de bande souhaitée, un compromis doit donc être trouvé entre le gain en temps de calcul et la stabilité du résultat sur la bande. A titre d'exemple, pour une approximation limitée au premier terme, un gain de coût de calcul de l'ordre de 50% est atteint, avec une erreur inférieure à 1 dB tenue sur une bande de fréquence de 0.1 à 0.2% dans les cas étudiés.

4.2.4   Approche combinée pour outdoor2indoor et indoor2outdoor

Nous avons déjà évoqué (et montré) l'intérêt de l'approche MR-FDPF pour la simulation de la propagation des ondes, particulièrement en milieu *indoor*. Néanmoins, la forte hétérogénéité des réseaux modernes soulève le besoin d'outils permettant de faire le lien entre les réseaux de grande taille, type *macrocells*, et les réseaux de petite voire très petite taille (*smallcells* ou *femtocells*). Il apparait dès lors un besoin croissant d'outils permettant de prédire non seulement la couverture extérieure, la couverture intérieure, mais aussi et surtout l'interaction entre les deux, à savoir les propagations de signaux de l'intérieur d'un bâtiment vers l'extérieur, ou à l'inverse de l'extérieur du bâtiment vers son intérieur. Dans le cadre du projet iPlan, nous avons donc cherché à établir ce lien, et cela en associant deux outils : un outil à rayon pour l'extérieur, et la méthode MR-FDPF pour l'intérieur des bâtiments.

Le lien extérieur-intérieur : O2I, outdoor to indoor

Pour prédire la propagation d'un signal radio provenant de l'extérieur et pénétrant dans un bâtiment, nous avons choisi de combiner un outil le lancer de rayon, IRLA (pour *Intelligent Ray LAunching*), développé par nos partenaires de l'Université du Bedfordshire, avec la méthode MR-FDPF [Roche10].

L'outil IRLA est utilisé pour simuler la propagation d'un émetteur de type *macrocell* placé à l'extérieur. A partir de cet émetteur, les rayons sont tracés dans une modélisation 3D de l'environnement (carte 2D avec hauteur des bâtiments), en prenant en compte les réflexions et les diffractions sur les arêtes. Pour calculer ensuite la propagation à l'intérieur d'un bâtiment, le principe est de collecter l'information de tous les rayons arrivant à la surface de ce bâtiment (à la hauteur de l'étage à simuler, voir Figure 46). Par la suite, les sources équivalentes sont calculées en chaque point du pourtour du bâtiment. Après le préprocess du bâtiment, chacune de ces sources correspondant à la somme des rayons arrivant au pixel équivalent de la simulation MR-FDPF se voit donc appliquer une amplitude et une phase relative pour la phase *upward* de propagation. Enfin, la phase *downward* permet de prédire la propagation équivalente à l'intérieur du bâtiment.

Cette approche combinée a été validée par une campagne de mesure effectuée sur le campus de la Doua à Villeurbanne, avec comme bâtiment cible celui du laboratoire CITI (voir Figure 47). Deux expérimentations ont été menées, à 2.45 et 3.5 GHz, à partir d'antennes directives placées en hauteur à l'extérieur d'un bâtiment voisin pointant vers le bâtiment à étudier. La Figure 48 présente la construction des rayons et leurs réflexions à partir de l'émetteur dans l'environnement extérieur ainsi que la cartographie de la puissance de réception associée. Après calcul des sources équivalentes, on peut voir en Figure 49 le calcul de couverture obtenu à partir du modèle MR-FDPF ainsi que la comparaison entre ces valeurs prédites et les points de mesures. Les résultats sont des plus probants, conduisant à une valeur de RMSE entre 2 et 3 dB pour les différentes expérimentations. De plus, l'avantage visé de cette hybridation en termes de temps de calcul est atteint : pour cet environnement, le temps nécessaire pour le calcul IRLA est de 58 secondes, et le temps requis pour le calcul *indoor* avec MR-FDPF est de 41 secondes pour le préprocess et de 57 secondes pour le calcul de propagation final (sur un PC à 2.4 GHz avec 2 Go de RAM).

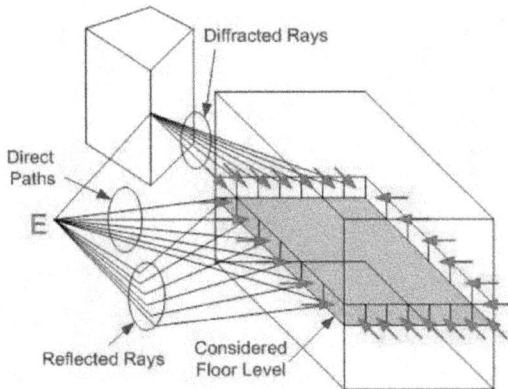

Figure 46.   *Principe du calcul de la propagation en lancer de rayon à l'extérieur et de la collecte des rayons incidents à la surface du bâtiment.*

Figure 47.   Vue générale du scénario étudié : le campus de la Doua, E représentant l'émetteur, la bâtiment du laboratoire CITI étant entouré en rouge.

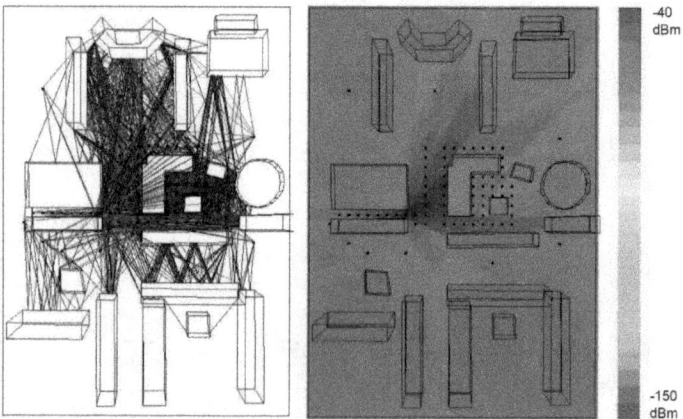

Figure 48.   Lancer de rayon dans la zone de simulation à partir de l'émetteur (à gauche) et cartograhie de la couverture obtenue avec les simulations IRLA.

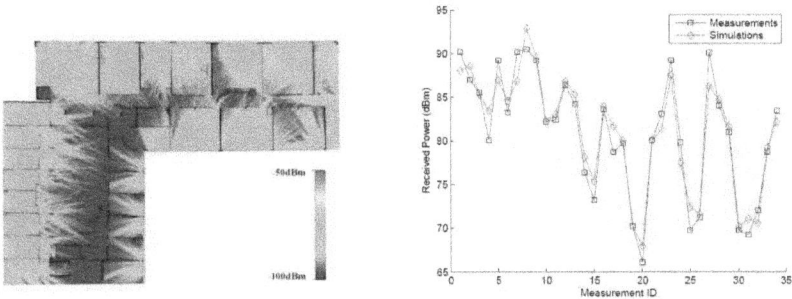

Figure 49.   Propagation obtenue à l'intérieur du bâtiment à partir des sources équivalentes (à gauche) et comparaison simulation/mesure (à droite) pour l'expérimentation à 2.45 GHz.

Le lien intérieur-extérieur: I2O, indoor to outdoor

Pour réaliser le même type d'hybridation liant les deux méthodes pour un scénario inverse (émetteur *indoor* et calcul de la couverture produite *outdoor*), l'approche est légèrement plus complexe. En effet, dans le cas précédent il suffisait de sommer les rayons pour établir les valeurs complexes des sources équivalentes pour la simulation MR-FDPF. Dans ce nouveau cas, nous devons établir les rayons équivalents sortant du bâtiment pour alimenter la simulation IRLA [Uman11]. Pour cela, à partir de la simulation MR-FDPF (Figure 50, à gauche), nous avons dû reconstruire les angles de départ et les poids complexes de chaque rayon. La détermination de ces valeurs a été réalisée grâce à la même approche que pour les statistiques petite échelle : l'algorithme SAGE permet de déterminer, à partir des valeurs de champs complexes données localement par MR-FDPF, un ensemble d'ondes planes, chacune possédant son propre poids complexe ainsi que son vecteur d'onde associé (donc son angle de départ). Ainsi, la simulation MR-FDPF permet de construire les rayons équivalents sortants du bâtiment (Figure 50 à droite). Finalement, la simulation IRLA permet d'obtenir une cartographie de couverture *outdoor*.

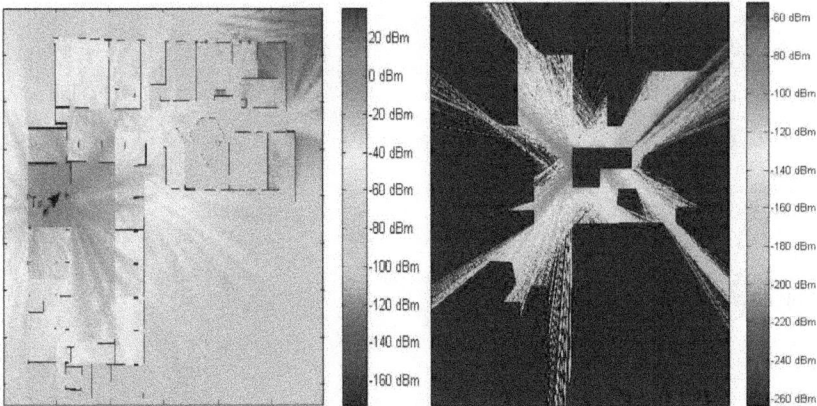

Figure 50.   Propagation de l'antenne source à l'intérieur du bâtiment (à gauche), puis rayons équivalents tracés à l'extérieur (à droite).

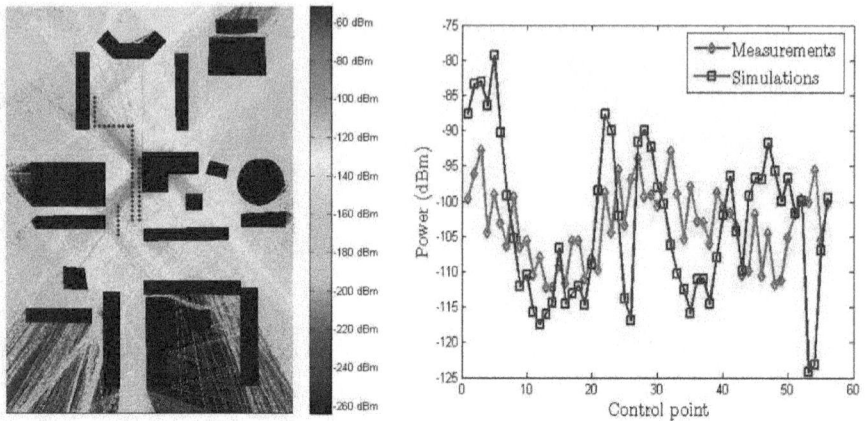

Figure 51.   Vue générale du scénario étudié : le campus de la Doua, E représentant l'émetteur, la bâtiment du laboratoire CITI étant entouré en rouge. Les points bleus sur la figure de gauche représentent les points de mesure.

Comme on peut le constater sur la Figure 51, la comparaison effectuée entre la prédiction finale de la propagation *outdoor* et les mesures effectuées fait apparaitre un écart parfois important suivant les points considérés. Cet écart s'explique par le fait que dans ces simulations, les sources MR-FDPF sont uniquement 2D, et conduisent donc à des rayons lancés uniquement dans le plan horizontal. Dès lors, l'antenne d'émission étant placée en hauteur (second étage du bâtiment), alors que les points de mesures sont au niveau du sol, l'approximation 2D impacte très fortement la précision des résultats. Une ébauche de solution à ce problème, permettant de déterminer le profil vertical des rayons équivalents issus de MR-FDPF a été proposée dans [Roche11-2].

4.2.5   Estimation du Bit-error-rate

L'utilisation du logiciel Wiplan est donc appropriée pour prédire la couverture de réseaux radio *indoor*, elle permet également de prédire des propriétés statistiques du canal, donc il est arrivé naturellement la question : que faisons-nous de ces données ? Nous avons alors fait le choix d'associer à ces analyses du lien radio une prédiction de performance en termes de *Bit-error-rate*. Cette évaluation nous permet au-delà de pouvoir prédire l'ordre de modulation que peut attribuer un système à modulation adaptative par rapport à un BER seuil. Cette approche repose sur l'expression de la probabilité d'erreur du lien en fonction de son SNR mais également du type de canal dans lequel on se trouve (AWGN, Rice ou Nakagami-m sont les cas étudiés). Enfin, l'évaluation du gain de performance obtenu par l'utilisation d'un système à diversité en réception (SIMO) a également été conduite.

Cette étude se base sur l'expression du BER moyen pour un canal à évanouissement en fonction du BER d'un canal AWGN :

$$P_{b:fading}(E) = \int_0^\infty P_{b:AWGN}(E;\ \gamma) P_\gamma(\gamma) d\gamma \qquad (42)$$

avec $\gamma = \alpha^2 . \frac{E_b}{N_o}$ représentant le SNR instantané par bit, α l'amplitude du *fading*, E_b l'énergie par bit, N_o la densité spectrale du bruit, et $P_\gamma(\gamma)$ est la PDF du SNR instantané dépendant du *fading*.

Usuellement, $P_{b:AWGN}(E; \gamma)$ est représenté sous la forme d'une fonction Q :

$$Q(x) = \frac{1}{\pi} \int_0^{\pi/2} exp\left(-\frac{x^2}{2sin^2\theta}\right) d\theta \qquad (43)$$

Pour pouvoir prendre en compte différents modèles de canaux, nous avons utilisé la fonction génératrice des moments (MGF) notée $M_\gamma(s)$:

$$M_\gamma(s) = \int_0^\infty P_\gamma(\gamma). e^{s\gamma} d\gamma \qquad (44)$$

Les MGF des différents modèles probabilistes de canaux nous intéressant ayant déjà été résumés dans [Mary08], pour résoudre l'expression (42), il est alors nécessaire de connaitre $P_{b:AWGN}(E; \gamma)$. Pour cela, nous avons utilisé l'approximation de Lu et al [Lu99]. Par exemple, pour les modulations M-QAM, l'expression devient :

$$P_{b:AWGN}(E) \cong \frac{4}{log_2 M}\left(1 - \frac{1}{\sqrt{M}}\right).\Sigma_{i=1}^{\sqrt{M}/2} Q\left((2i-1)\sqrt{\frac{3E_b log_2 M}{N_o(M-1)}}\right) \qquad (45)$$

Ainsi, on obtient une approximation du BER pour les canaux à évanouissement directement liée à la MGF (ici toujours dans l'exemple d'une modulation M-QAM):

$$P_{b:fading}(E) \cong \frac{4}{log_2 M}\left(1 - \frac{1}{\sqrt{M}}\right).\Sigma_{i=1}^{\sqrt{M}/2}\frac{1}{\pi}\int_0^{\pi/2} M_\gamma\left(-\frac{(2i-1)^2.3.log_2 M}{2sin^2\theta.(M-1)}\right) d\theta \qquad (46)$$

Toujours à titre d'exemple, s'il on veut obtenir le BER estimé pour un canal de type Nakagami-m, on utilise alors la MGF correspondante :

$$M_\gamma(s) = \left(1 - \frac{s\bar{\gamma}}{m}\right)^{-m} \qquad (47)$$

où $\bar{\gamma}$ est le SNR moyen sur un symbole.

Dès lors, à partir des simulations MR-FDPF, nous avons effectué deux types d'évaluations, basées sur les modèles de Rice et de Nakagami-m. Dans les deux cas, la première étape est d'estimer les paramètres K et m respectivement. Pour le coefficient de Rice, nous avons déjà présenté une approche possible en 2.4.2.3. Pour m nous avons utilisé la méthode proposée dans [Green60].

Par la suite, nous avons également effectué une vérification de la validité de l'estimation basée sur le test de Kolmogorov-Smirnov [Dag86] pour éliminer les points non significatifs. La Figure 52 présente l'exemple de l'estimation du paramètre m dans l'environnement du laboratoire CITI, les points n'ayant pas satisfait le test de validité étant laissés en gris.

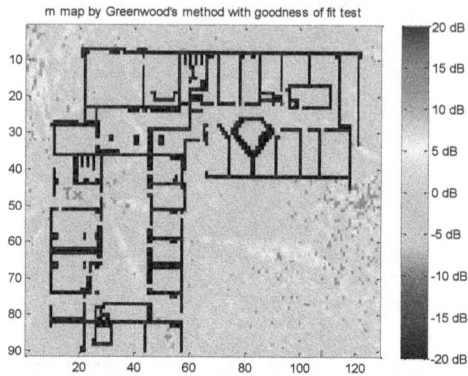

Figure 52.   Cartographie de la valeur du paramètre m pour un modèle de canal Nakagami-m (en dB). Les points gris représentent les zones où le test de validité de l'estimation du paramètre K a échoué. Tx représente l'emplacement de l'émetteur.

A partir de cette estimation de K ou de m nous pouvons évaluer en tout point de la zone étudiée le BER correspondant au niveau de signal reçu, en fonction du type de modulation. Enfin, en fixant un BER seuil au-dessus duquel la QoS est supposée insuffisante, nous pouvons tracer des cartographies représentant les zones autorisant un ordre de modulation donné. Sur la Figure 53, nous avons représenté ces zones pour quatre types de modulations prédéfinis : 64-QAM, 16-QAM, QPSK et BPSK. Sans prise en compte du modèle spécifique du canal (et donc en se basant uniquement sur le SNR), on obtiendrait une prédiction équivalente à la Figure 53 (gauche). On constate aisément que la prise en compte du modèle de canal impacte très significativement la prédiction de ces zones, ici pour un canal de Rice (Figure 53 à droite).

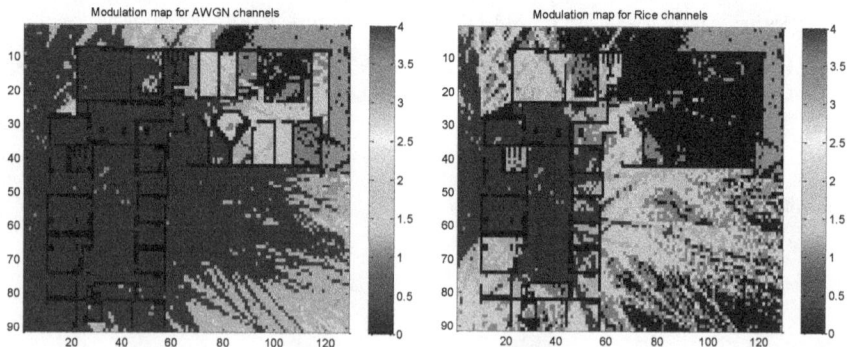

Figure 53.   Cartographie des modulations utilisées en supposant le canal comme étant de type AWGN (à gauche) ou de type Rice (à droite). Signification des couleurs : 4 représente la modulation 64QAM, 3 représente la modulation 16QAM, 2 la modulation QPSK, 1 la modulation BPSK, et 0 qu'aucune modulation ne permet de satisfaire le seuil de BER fixé. Les points gris représentent les zones où le test de validité de l'estimation du paramètre K a échoué.

Figure 54.   Cartographie des modulations utilisées à partir d'un modèle de type Nakagami-m. En haut à gauche : pour un système classique SISO, en haut à droite : pour un système MRC avec deux antennes de réception, en bas : pour un système MRC avec trois antennes de réception. Signification des couleurs : 4 représente la modulation 64QAM, 3 représente la modulation 16QAM, 2 la modulation QPSK, 1 la modulation BPSK, et 0 qu'aucune modulation ne permet de satisfaire le seuil de BER fixé. Les points gris représentent les zones où le test de validité de l'estimation du paramètre m a échoué.

Enfin, nous avons également utilisé l'expression de la MGF pour un système à diversité de réception de type MRC (*Maximal Ratio Combining*), pour des canaux de Nakagami-m. Cette expression tient compte non seulement des SNR de chacune des branches de diversité, mais également de la corrélation entre ces liens. Un exemple de résultat comparé entre les cartographies de modulations obtenues pour un modèle de Nakagami-m dans un cas SISO et deux cas SIMO à deux et trois voies est donné dans la Figure 54. On observe bien alors le fort gain de performance associé à ces systèmes SIMO, la modulation 64-QAM pouvant alors être utilisée dans une zone bien plus vaste qu'avec un système SISO.

4.2.6   Conclusions et perspectives sur la simulation de propagation

Malheureusement, à court terme, le contexte actuel ne nous permet pas de consacrer d'importantes ressources à la poursuite de ces travaux sur la propagation. Pourtant, l'outil MR-FDPF possède vraiment une plus-value importante dans le domaine des transmissions radio *indoor*. Son très bon compromis entre précision et rapidité de calcul, ainsi que sa capacité à fournir des valeurs complexes du champ avec un pas très fin permettent une prédiction très réaliste du comportement du lien radio.

Néanmoins, il reste beaucoup de travaux en suspens qu'il faudrait poursuivre. D'un point de vue purement code de calcul, l'amélioration de la méthode 3D, requérant en l'état des ressources de mémoire trop importantes, serait un plus appréciable. En effet, la méthode 2D souffre de deux limitations principales : elle ne considère qu'un champ électrique à polarisation verticale, et néglige intrinsèquement les multi-trajets dus aux réflexions sur le sol ou le plafond. Une première étude sur une nouvelle approche de type MR-FDTLM (TLM signifiant *Transmission Line Matrix*) a été proposée dans [Uman12] mais à l'heure actuelle pas pu être implémentée.

D'autres travaux ont été menés sur l'utilisation *outdoor* de Wiplan [Roche07], et particulièrement sur la prédiction de liens véhicule à véhicule (V2V) ne calculant les phases *upward* et *downward* que pour des positions spécifiques dans un grand espace. D'autre part, l'extension des travaux d'évaluation du BER à des systèmes MIMO reste à mener. Enfin, dans le cadre de l'ADT Mobsim, ainsi que dans le projet iPlan, l'intégration du code MR-FDPF dans un simulateur réseau (NS3 et iBuildNet respectivement) a été proposée.

4.3 Les récepteurs multi-*

Nous allons maintenant dans cette partie nous intéresser aux travaux que nous avons effectués dans le cadre du développement et de l'évaluation des performances de récepteurs multi-*. Il est à noter que l'ensemble de ces travaux se sont déroulés en collaboration avec Orange labs (anciennement France Télécom R&D), que ce soit dans le cadre de contrats bilatéraux ou par le biais de co-encadrement de thèses. La plupart de ces travaux ont également été l'objet d'une collaboration avec l'Institut des Nanotechnologies de Lyon (INL). Volontairement, dans ce qui suit, les formulations analytiques n'ont pas été développées pour ne pas alourdir la lecture, cependant toutes ces études ont été accompagnées de développements théoriques pour concevoir ou analyser les structures proposées, ces développements étant disponibles dans les publications citées.

4.3.1   Travail fondateur : récepteur multi-mode multi-antenne

Le tout premier projet mené autour de cette thématique des architectures de récepteurs à multiples degrés de diversité a permis le financement de la thèse de Pierre-François Morlat. L'objet d'étude était alors un récepteur multi-antenne, fonctionnant dans la bande ISM à 2.45 GHz, permettant de numériser une plus large bande de fréquence que les récepteurs classiques, et capable de démoduler deux formes d'ondes très différentes : des signaux DSSS (*Direct Sequence Spread Spectrum*) et des signaux OFDM. En effet, à cette époque (il y a une dizaine d'année) le grand succès des réseaux WLAN de type WiFi avait conduit au déploiement souvent quelque peu anarchique et mal contrôlé de réseaux concurrents, dans une bande de fréquence vite devenue saturée. Comme de plus la définition standardisée des canaux de communication possibles dans cette bande conduisait à des canaux fortement recouvrant (donc fortement interférant), la combinaison de la réjection spatiale et de la numérisation simultanée de plusieurs canaux interférents apparaissait comme à fort potentiel. Enfin, la conception de ce récepteur intégrant de larges capacités de traitement numérique permettait une première approche des techniques de radio logicielle capable d'offrir de l'agilité à cette structure.

Comme nous l'avons vu au 2.2.2.3, différentes architectures de récepteurs RF existent, la plus classique étant la super-hétérodyne. Au début de ces travaux (et encore à l'heure actuelle), la plupart des terminaux supposés multi-standard ne faisaient qu'intégrer autant de puces radio que de standards voulus. De plus, pour chacun de ces standards, le récepteur dédié ne numérisait qu'un seul canal de communication à la fois. Enfin, la seule diversité intégrée à l'époque dans les récepteurs existants était l'utilisation d'une commutation entre deux antennes. Nous avons donc centré nos travaux sur un récepteur homodyne, large bande (40 MHz, les canaux étant de 20 MHz et espacés de seulement 5 MHz), à quatre voies de réception et à forte composante radio logicielle permettant la démodulation simultanée des deux standards 802.11b et 802.11g (exemples d'usage présentés en Figure 55).

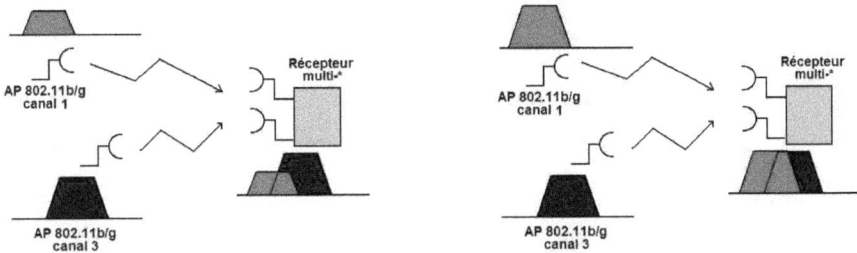

Figure 55.   Exemples de scénarios d'usage du récepteur étudié : réception sur deux canaux déséquilibrés en puissance (à gauche) provenant de 2 AP et deux canaux de puissance équivalente non superposés, provenant d'un AP et d'un autre mobile (à droite).

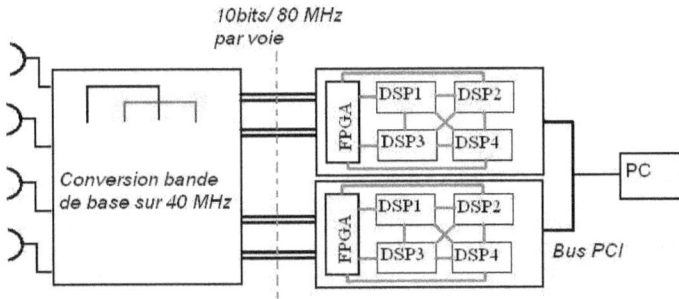

Figure 56.   Structure globale du récepteur développée : 4 voies de réception, conversion homodyne et numérisation de 40 MHz de bande, traitements numériques associés (la version réalisée est présentée à la Figure 62).

L'architecture globale

La Figure 56 montre la structure générale du récepteur développé, le but n'étant bien sûr pas de concevoir un terminal compact réaliste mais de permettre une preuve de concept de cette approche multi-*. Cette étude a été très fortement basée sur le logiciel de simulation ADS, et sur son interconnexion avec la plateforme de mesure Agilent. Elle nous a permis d'effectuer les premiers tests de *connected solution*, le premier sondeur de canal ainsi que la première expérience d'implémentation d'une radio logicielle. De plus, ces travaux se déroulant en parallèle de la thèse de Philippe Mary (démarrée un an plus tôt), elle a permis de faire le lien entre des travaux plus théoriques et des expérimentations très réalistes.

L'étude de performances par standard et par canal

Dans un premier temps, avant d'étudier la cohabitation de plusieurs canaux et de plusieurs standards, la validation des structures simulées de récepteurs 802.11b et 802.11g a été menée. En effet, les deux standards fonctionnant sur des formes d'ondes très différentes (étalement de spectre DSSS pour le premier et OFDM pour le second), il était important de vérifier que les performances prédites en simulations étaient réalistes.

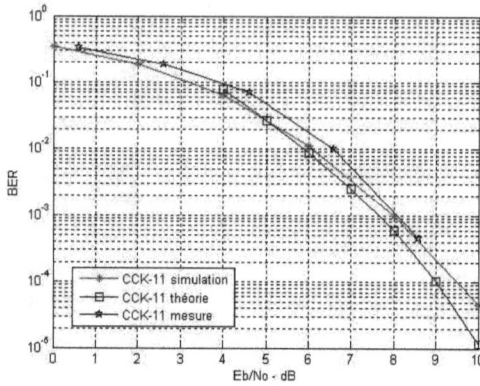

Figure 57.   Comparaison des résultats théoriques, simulés et mesurés d'une transmission 802.11b : bit-error-rate en fonction du Eb/No.

Comme on peut le voir sur la Figure 57, des validations en canal AWGN ont permis de montrer la bonne cohérence des résultats, entre la courbe théorique (issue de la probabilité d'erreur symbole [Craig91]), la courbe issue de la simulation ADS, et la courbe mesurée avec la plateforme radio. Cette approche, originale à l'époque, nous permettait donc de pouvoir directement évaluer en environnement de propagation réel, des structures de récepteurs (ou potentiellement d'émetteurs) entièrement simulés.

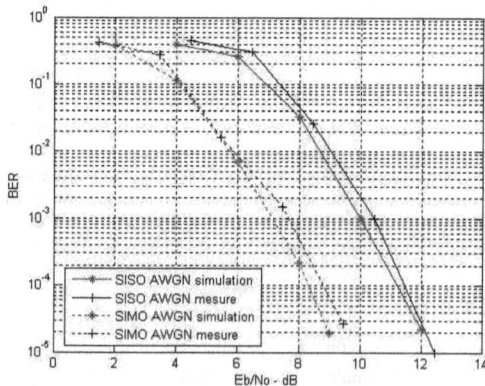

Figure 58.   Comparaison des performances simulées et mesurées d'un récepteur 802.11g mono-antenne (courbes pleines) et à deux antennes (courbes en pointillés), en canal AWGN.

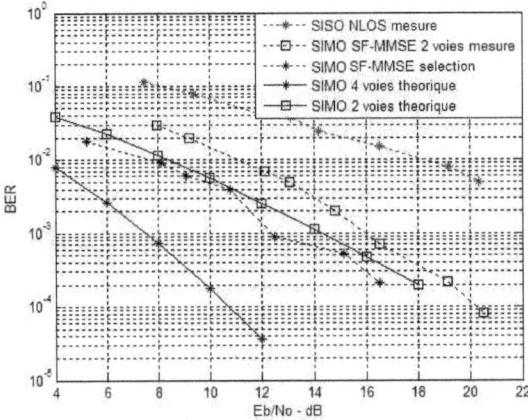

Figure 59.   Performances des techniques de sélection de 2 voies parmi 4 sur une transmission 802.11g (16-QAM, sans codage). Comparaison des résultats mesurés et théoriques à 4 voies en canal NLOS.

Par la suite, nous avons également voulu valider les performances avec deux voies de réceptions. L'algorithme utilisé dans l'ensemble de l'étude pour le traitement d'antennes permet une recombinaison de type MRC, à partir d'un critère MMSE sur l'erreur entre le signal reçu et la séquence d'apprentissage des trames 802.11. Plutôt qu'une solution itérative de type LMS (*Least Mean Square*) qui peut être lente à converger pour ces canaux mobiles, nous avons privilégié un algorithme SMI (*Sample Matrix Inversion*) qui permet d'obtenir directement les valeurs optimales de pondération des voies (au prix d'une complexité de calcul plus importante, mais ceci n'était pas une contrainte forte). Les détails de cette implémentation sont donnés dans [Morl06]. On peut voir en Figure 58 qu'également dans le cas de ces liaisons SIMO (et ici dans le cas de signaux OFDM), les simulations sont très proches des performances mesurées. Diverses études en fonction du standard, du type d'algorithme, du type de canal, du type de codage ou encore de l'utilisation d'une sélection de 2 voies sur 4 ont été menées (voir par exemple en Figure 59).

L'étude de performances multi-standard multi-canal

Après ces étapes de validation de l'approche et de la qualité des simulations, l'évaluation des performances de la réjection spatiale pour la réception simultanée de deux canaux concurrents dans une bande totale de 40 MHz et sur deux standards différents a pu être conduite. L'ensemble des blocs numériques des différentes chaînes de réceptions et des traitements associés ont par la suite été implémentés, pour partie sur les cartes numériques, pour partie sur le PC hôte. Des détails sur cette implémentation sont donnés dans [Morl08].

Plus particulièrement, comme illustré à la Figure 60, l'objet principal de cette étude était d'évaluer les performances finales en termes de BER de la réception simultanée de deux canaux WiFi en fonction de leur pourcentage de recouvrement, et en fonction de la forme d'onde utilisée. Nous présentons ici deux résultats représentatifs des conclusions de cette étude. Tout d'abord, on peut observer sur la Figure 61 le comportement des BER de deux liaisons concurrentes 802.11b et 802.11g reçues par notre récepteur. Le signal 802.11b est supposé émis à une puissance garantissant, pour une liaison SISO sans interférent, un BER de 5.10^{-3}. Les deux canaux utilisés étant séparés de 10 MHz seulement (donc fortement recouvrants), on observe l'évolution des liaisons en faisant augmenter le niveau du signal 802.11g.

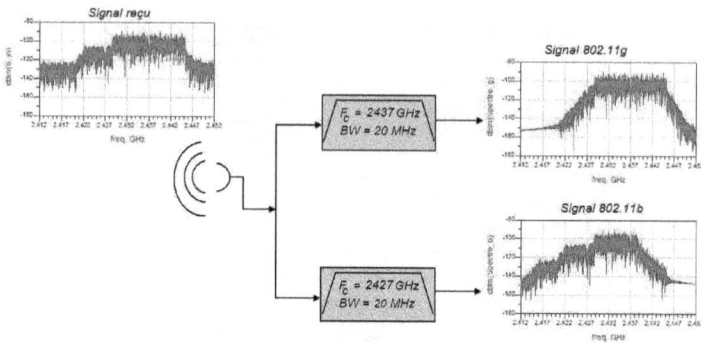

Figure 60.   Exemple de spectres reçus lors de la cohabitation de deux réseaux concurrents sur des canaux chevauchants dans un récepteur multi-canal multi-standard.

On constate, logiquement, que dans le cas d'un système SISO, sur cette plage de niveaux de puissance reçue, le signal 802.11g ne peut jamais être démodulé correctement, alors que plus la puissance de l'interférence augmente, plus le BER du canal 802.11b se dégrade, jusqu'à être également complètement en échec. Par contre, le recours à un système à deux voies permet d'offrir un potentiel plus intéressant de réutilisation des canaux. En effet, on observe que les deux courbes de BER dans le cas SIMO suivent une tendance complémentaire, et que de fait on peut trouver un point d'équilibre (ici observé à -68 dBm) où les deux signaux peuvent être démodulés avec un BER de l'ordre de 10^{-2} (les signaux étant non codés).

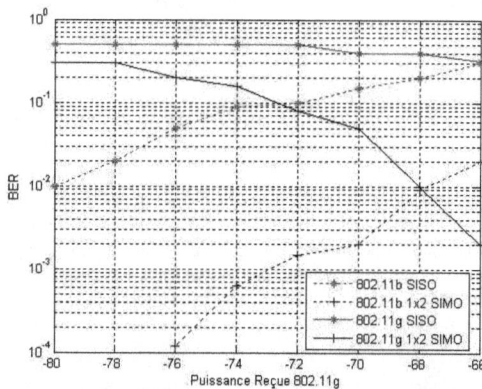

Figure 61.   Performances du système multi-canal multi-mode en fonction de la puissance (en dBm) reçue du signal 802.11g en environnement mesuré NLOS avec fading. Le signal 802.11b est émis à une puissance fixe (correspondant à un BER de 5.10^{-3} en l'absence d'interférence) autour d'une fréquence porteuse 10 MHz à côté de la porteuse du signal 802.11g.

Espacement (MHZ)	802.11b SISO	802.11b SIMO	802.11g SISO	802.11g SMI	802.11g SF-MMSE
0	0.5	0.4	0.5	0.4	0.4
5	0.3	0.08	0.4	0.07	0.02
10	0.2	0.01	0.35	0.02	0.007
15	0.01	0	0.01	0.00012	0.000072

Table 2.   Evolution du BER des transmissions SISO et 1x2 SIMO 802.11b et 802.11g traitées simultanément en environnement mesuré NLOS avec évanouissement en fonction de l'espacement inter-canal. Les signaux sont reçus à un niveau de puissance garantissant un BER en condition SISO mono-utilisateur de 5.10^{-3}.

De même, la Table 2 résume les performances obtenues pour deux signaux concurrents (toujours dans les deux normes différentes), émis avec une puissance constante, mais avec des fréquences porteuses plus ou moins espacées (définissant alors un recouvrement plus ou moins important). Ces résultats mettent en exergue le potentiel du traitement d'antenne pour la réutilisation du spectre radio. Globalement, on observe qu'un simple système à deux voies permet de garantir des performances identiques à un système SIMO toute en ayant un facteur de recouvrement supérieur. Au-delà, l'utilisation d'une méthode type SF-MMSE, prenant en compte la variabilité fréquentielle du canal, permet d'améliorer encore ces performances. L'intérêt de ces approches ont été discutées dans [Vill10] et permettaient de se projeter vers des approches de gestion intelligente du spectre, et tout particulièrement vers des techniques de radio cognitive.

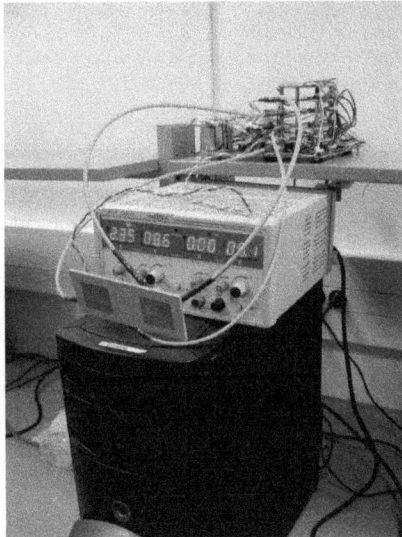

Figure 62.   Le démonstrateur développé dans le cadre de la collaboration avec France Télécom R&D : antenne double patch à double polarisation (quatre voies), front-end RF homodyne avec quatre branches de réception et numérisation sur 40 MHz, et PC associé avec les cartes numériques FPGA et DSP.

4.3.2   Relaxation des contraintes sur les composants : Dirty-RF (2 pages)

Nous venons de voir dans la partie précédente que des systèmes à branches multiples de réception ont un fort potentiel (ce qui était déjà connu bien sûr mais étendu dans notre cas aux cas recouvrants). Cependant, une contrepartie importante de ces approches multi-antenne est qu'elles nécessitent une multiplication des interfaces RF (on peut voir par exemple à la Figure 62 le magnifique empilement des quatre frontaux RF nécessaires à ce prototype). Cela engendre de fait un coût supplémentaire, un encombrement accru et également une consommation énergétique additionnelle. Pourtant, dès lors que ces approches supposent intrinsèquement que ces frontaux RF sont associés à des capacités de traitement numérique, nous avons voulu estimer si ces capacités de correction numérique des défauts de la liaison ne permettraient pas également de gommer une partie des imperfections des structures RF. L'idée sous-jacente étant que si les traitements associés corrigent les défauts RF, alors des composants moins coûteux pourraient être utilisés, et donc l'accroissement du coût ne serait plus directement proportionnel au seul nombre de voies de réception. Ce concept d'utilisation de composants moindre coût, aussi appelé *Dirty RF* [Aria10], apparait particulièrement pertinent dans le cadre de systèmes multi-* et de terminaux SDR.

Défauts pris en compte

Dans le cadre de cette étude, particulièrement focalisée sur le cas de signaux OFDM plus sensibles à ces défauts, nous nous sommes concentrés sur trois types d'imperfections des front-ends RF : le bruit de phase, l'erreur de fréquence, et les déséquilibres IQ.

Le bruit de phase (exprimé en radians ou au travers de sa densité spectrale de puissance) est dû aux imperfections de l'oscillateur local, qui ne génère pas exactement un pur Dirac à la fréquence souhaitée. L'erreur de fréquence (exprimée en partie par million) correspond à l'écart entre les fréquences exactes des oscillateurs locaux utilisés à l'émission et à la réception, qui ne sont jamais exactement calés sur la fréquence porteuse théorique. Enfin, les déséquilibres IQ sont la conséquence d'une quadrature imparfaite entre les deux voies I et Q d'un récepteur. Ces deux voies peuvent subir une atténuation différente (déséquilibre de gain) ou un déphasage différent (déséquilibre de phase). Ces défauts IQ sont particulièrement sensibles dans le cas des récepteurs homodyne étudiés ici (pour rappel, voir à la Figure 5).

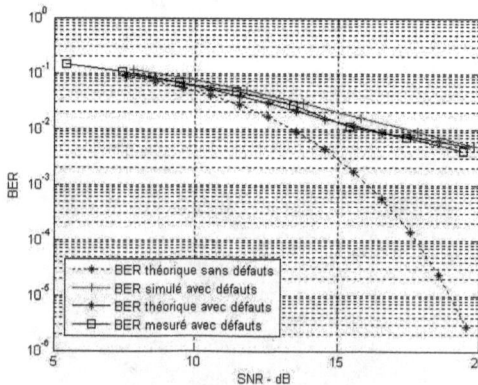

Figure 63.   Exemple de l'influence de l'erreur de fréquence (Δf=20kHz) sur une transmission 802.11g (16QAM) en canal AWGN, avec comparaison théorie, simulation, mesure.

Comme précédemment, notre démarche a d'abord été de valider l'outil de simulation ADS dans le cadre d'une prise en compte des défauts RF précités. Le détail de l'étude théorique de la modélisation de l'impact de ces défauts sur les signaux OFDM, inspirée grandement de [Sche06] est donné dans [Morl08-4] et [Vill11] notamment. On peut constater sur la Figure 63 que les simulations permettent de retranscrire avec fidélité l'influence de l'erreur de phase sur le BER effectif d'une liaison 802.11g (les aspects bruit de phase et déséquilibres IQ ayant été validés de même).

Etude des systèmes SIMO

Suite à cela, l'étude s'est portée sur l'impact de ces différents défauts sur les performances comparées d'un récepteur mono-antenne et d'un récepteur multi-antenne (deux voies, voir Figure 64). La métrique d'évaluation dans ce cadre spécifique a été l'évolution du BER relatif, à savoir le rapport entre le BER obtenu en présence de défaut par rapport au BER obtenu dans les mêmes conditions avec une structure idéale (sans aucun défaut). Comme on peut le voir sur la Figure 65 par exemple, le traitement d'antenne permet, outre l'amélioration intrinsèque des performances déjà bien connu, de limiter l'impact des défauts RF. Ainsi, on peut envisager de relâcher les contraintes sur les composants utilisés tout en conservant des performances optimales. Plus précisément, nous avons montré que l'erreur de phase ainsi que les déséquilibres IQ pouvaient être des contraintes largement relâchées, même sur un simple système à deux voies. Par contre, il n'en va pas de même pour le bruit de phase. En effet, celui-ci peut varier sur la durée d'un symbole OFDM, et dès lors les performances des algorithmes utilisés deviennent moins intéressantes. Néanmoins, ces traitements permettent de conserver des performances équivalentes de sensibilité à ce défaut par rapport aux architectures mono-antenne (qui n'ont qu'une seule source d'erreur au lieu de deux).

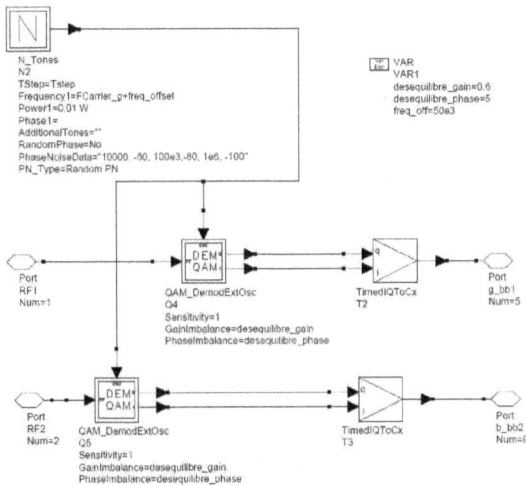

Figure 64.   *Structure schématique ADS d'un récepteur Zero-IF deux voies incluant les défauts RF.*

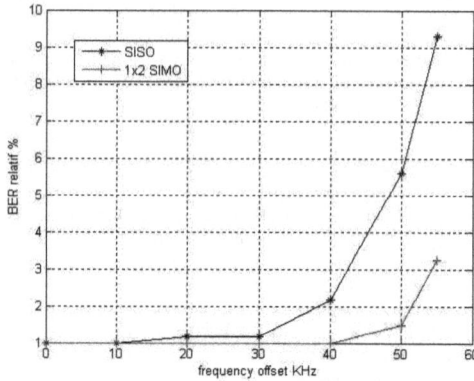

Figure 65.   Evolution du BER relatif en fonction de l'erreur de fréquence sur un système 802.11g SISO et 1x2 SIMO en environnement NLOS.

Enfin, nous avons également voulu projeter ces résultats dans le cas de récepteurs multi-* comme vu auparavant, à savoir un récepteur multi-canal. La Figure 66 montre un résultat très significatif du comportement observé dans ce cas. On observe en effet plusieurs choses. Tout d'abord, on voit clairement que l'interférent fait perdre le bénéfice de la diversité pour la compensation des défauts, et qu'ainsi le système SIMO à deux voies subit le même impact des défauts qu'un système SISO quand un interférent est présent. Mais au-delà, on constate que pour un système à 4 voies, à la fois les défauts RF et l'interférent sont rejetés, permettant ainsi à la fois la réutilisation spectrale et le relâchement des contraintes RF.

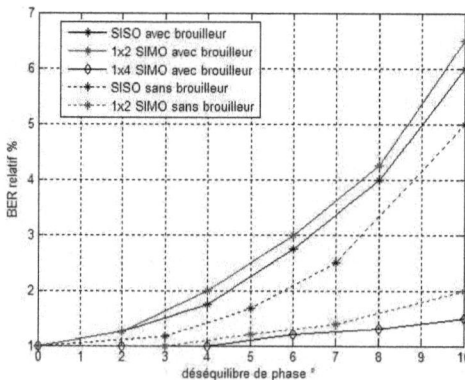

Figure 66.   Evolution du BER relatif en fonction du déséquilibre IQ en phase d'un système 802.11g SISO et SIMO en environnement NLOS, avec ou sans canal interférent (interférent 802.11b espacé de 15 MHz).

4.3.3 Récepteur multi-bande simultané : double IQ
Si l'on reprend posément les résultats précédents, on constate que l'approche globale de conception de récepteurs multi-* apparaît déjà prometteuse, car offrant un potentiel de réutilisation spectrale et de relaxation des contraintes sur les composants RF. Une autre voie d'étude s'en est suivie (toujours en collaboration avec nos amis de France Télécom R&D) : dans un système multi-bande, peut-on trouver le moyen de mieux mutualiser les composants des front-ends ? Cette question a été la base de la thèse de Ioan Burciu [Burc10-2].

Principe de base de l'architecture double IQ
Le postulat de départ de ce travail a été de vouloir recevoir simultanément deux canaux fréquentiels disjoints (et non plus recouvrants), potentiellement à des fréquences centrales très éloignées (sur deux standards complètement différents par exemple). Le premier cas d'étude a été un récepteur UMTS/WiFi simultané. L'état de l'art de tels récepteurs multi-bande se base sur un empilement de deux frontaux séparés, chacun dédié à l'un des standards (principe de *stack-up*). Les performances de la structure proposée seront donc présentées en comparaison avec cette approche classique.

L'architecture que nous avons proposée, nommée double IQ, s'est inspirée des travaux de Weaver [Weav56] sur un récepteur à double translation orthogonale qui visait à rejeter la fréquence image. L'idée a été de reprendre ce principe de double translation orthogonale, mais de manière à recevoir deux bandes d'intérêt et non plus une seule. En effet, en plaçant judicieusement la fréquence intermédiaire (donc après la première translation orthogonale), les deux bandes de fréquences utiles deviennent images l'une de l'autre. Ainsi, à partir des quatre voies finales après la seconde translation orthogonale, on peut reconstruire par de simples opérations de sommes et différences non pas seulement une seule bande comme dans la structure de Weaver, mais deux bandes indépendantes (voir Figure 67).

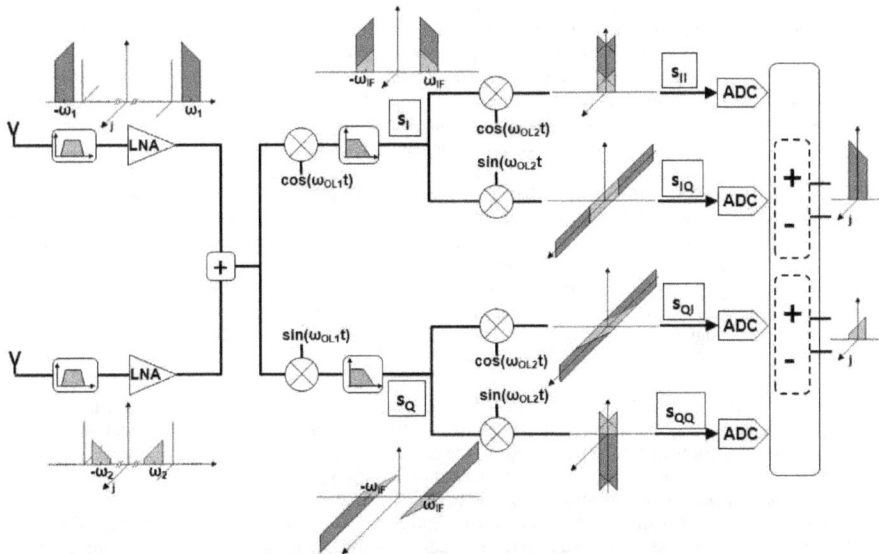

Figure 67.   *Principe de l'architecture double IQ pour la réception simultanée de deux bandes.*

L'architecture proposée utilise une parallélisation de l'étage d'entrée composée de l'antenne, du filtre de bande RF et du LNA. Les raisons pour lesquelles on propose une parallélisation des antennes de réception sont strictement liées aux compromis performances-complexité. Si du point de vue de la complexité il est évident que le choix d'une seule antenne capable de recevoir les deux bandes de fréquences est pertinent, du point de vue des performances ce choix est très contestable. En effet, l'utilisation d'une unique antenne bi-bande va imposer l'utilisation d'un « splitter » qui dédouble le signal bi-bande pour pouvoir ensuite utiliser deux chaînes de traitement dédiées à chaque bande RF. Suite à ce dédoublement du signal RF, la figure de bruit globale du récepteur va se détériorer : la puissance du signal utile est divisée par deux, pendant que la puissance de bruit n'est pas affectée. Par conséquent, afin de ne pas dégrader la figure de bruit totale, on préfère utiliser deux antennes distinctes, chacune dédiée à la réception d'une bande de fréquence.

En ce qui concerne l'étape de filtrage de bande RF, l'état de l'art impose la parallélisation des composants. Pour l'amplification faible bruit, le grand écart fréquentiel qui peut apparaître entre les deux bandes utiles du signal RF à traiter rend prohibitive l'utilisation d'un LNA unique. En effet, afin d'offrir des bonnes performances d'amplification faible bruit d'un signal large bande, le niveau de la consommation électrique du LNA est conséquent. Par conséquent, le compromis performance-consommation à faire au niveau de ce composant impose la parallélisation des composants utilisés par l'étage d'amplification faible bruit. Par ailleurs, l'utilisation d'un étage d'amplification composé d'éléments parallélisés est utile pour implanter l'étage de contrôle de gain.

La fonction de contrôle de gain est très importante dans une chaîne de réception radiofréquence. Le contrôle automatique de gain est un système adaptatif qui permet d'ajuster le gain de la chaîne de réception en fonction du niveau de la puissance moyenne du signal d'entrée. Cela permet de diminuer les contraintes de dynamique imposées aux différents éléments de la chaîne de réception. Cette fonction est généralement implantée à fréquence intermédiaire ou en bande de base, mais une implantation dans le domaine RF est cependant réalisable en utilisant des étages d'atténuation variables [Mort96], [Groe01]. Pour la structure double IQ à réception bi-bande simultanée, l'étage de contrôle de gain doit être implémenté dans le domaine RF, en amont de la sommation des signaux résultants du filtrage et de l'amplification faible bruit. De cette façon, la puissance moyenne des deux signaux est indépendamment contrôlée, ce qui serait impossible de réaliser en fréquence intermédiaire ou en bande de base.

Ce signal est ensuite translaté en bande de base à l'aide d'une architecture double IQ similaire à celle utilisée pour la réjection de la fréquence image. Contrairement au cas de l'architecture double IQ à réjection de fréquence image, le choix de la fréquence du premier oscillateur local (ω_{OL1} dans la Figure 67) n'est plus indépendant des fréquences centrales des signaux RF utiles. En effet, cette fréquence est directement liée aux fréquences centrales des deux bandes RF utiles, de telle façon que chacune de ces deux bandes soit la bande image de l'autre dans le domaine spectral. Suite à la première translation en fréquence, les deux signaux obtenus en fréquence intermédiaire représentent donc la superposition dans le domaine spectral des deux bandes utiles.

Par la suite, chacune de ces deux composantes est translatée en bande de base en utilisant un bloc composé de deux mélangeurs montés en quadrature. La fréquence ω_{OL2} de l'oscillateur local utilisée par cette étape de translation en fréquence est égale à la fréquence intermédiaire ω_{IF}. Suite à cette deuxième étape de translation orthogonale en fréquence, chacun des quatre signaux en bande de base ainsi obtenus est une combinaison des composantes en bande de base des deux bandes RF utiles.

Les quatre signaux en bande de base sont ainsi numérisés. Deux chaînes de traitements parallèles sont implantées dans le domaine numérique. Chacun de ces deux traitements est dédié à la reconstruction en bande de base d'une des deux composantes utiles suite à l'annulation de l'autre. La complexité de ces traitements est très faible, car ils sont composés d'opérations élémentaires, telles la sommation et la soustraction (le détail de toutes les expressions est donné par exemple dans [Burc11]).

Performances de l'architecture double IQ

Comme dans les études précédentes, l'évaluation des performances potentielles de cette proposition d'architecture a été menée principalement à partir d'ADS et de la plateforme radio associée. La Figure 68 présente la structure générale de simulation utilisée. Comme on peut s'y attendre, dans le cas de composants idéaux les résultats de simulations montrent des performances parfaitement équivalentes entre un empilement de frontaux (802.11g et UMTS séparés) et la structure double IQ proposée. On peut observer par exemple sur la Figure 69 une parfaite concordance des courbes de BER pour les deux standards considérés.

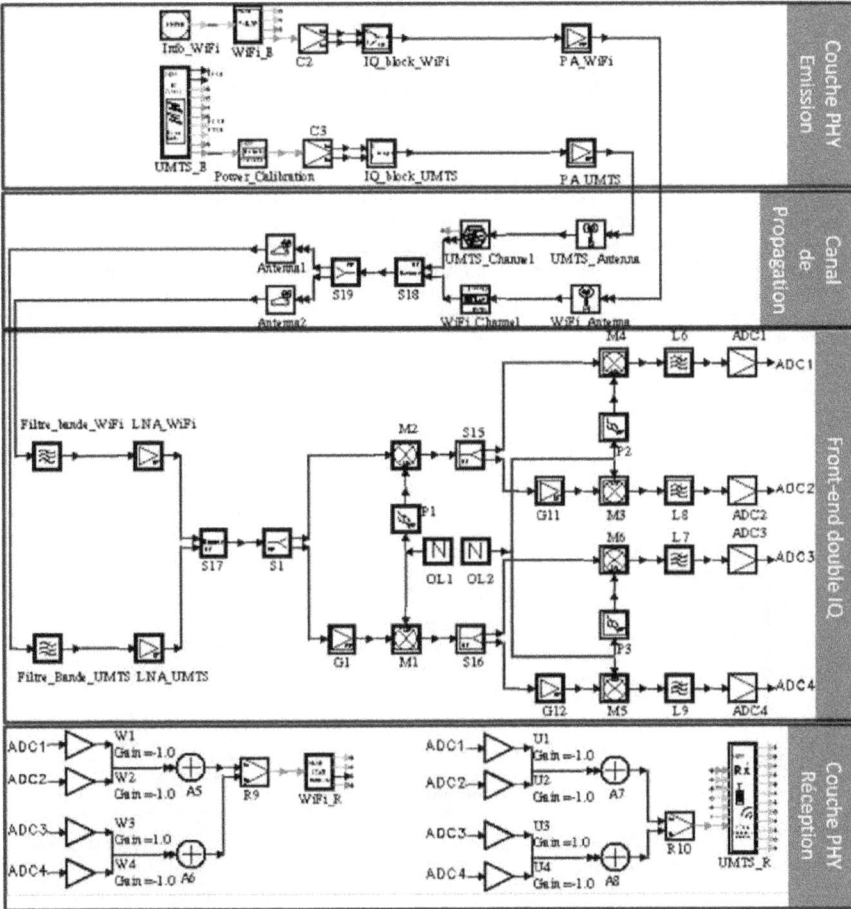

Figure 68.   Schématiques ADS utilisés pour simuler une transmission simultanée 802.11g/UMTS.

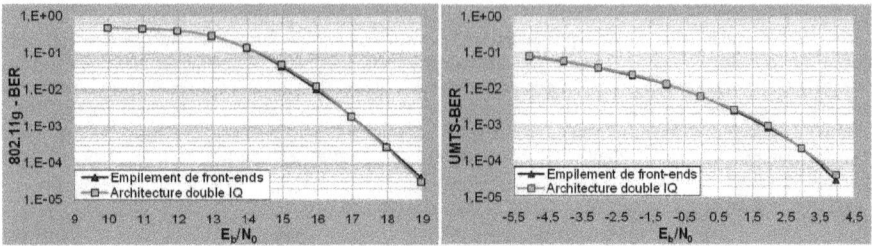

Figure 69.   Comparaison du BER 802.11g (à gauche) et UMTS (à droite) simulé pour une transmission simultanée 802.11g/UMTS utilisant soit un récepteur à empilement de front-ends soit un récepteur à architecture double IQ.

En plus de l'aspect purement fonctionnel de cette nouvelle architecture, un point important pour justifier l'utilisation d'une structure double IQ est la réduction globale du coût. Une étude détaillée des caractéristiques requises de chacun des composants en fonction des standards a été menée [Burc10-2]. Outre l'aspect quantitatif (suppression des filtres de réjection d'image et diminution du nombre synthétiseurs), qui a bien sûr un lien direct avec l'encombrement et le coût, c'est le gain en consommation énergétique qui a été particulièrement étudié. Au final, en se basant sur l'état de l'art à l'époque de l'étude, la structure double IQ (dans ce scénario WiFi/UMTS particulièrement contraignant) permet d'espérer un gain de consommation de l'ordre de 20%. On peut d'ailleurs souligner ici que le potentiel de cette architecture nous a menés au dépôt d'un brevet international [Burc10], en parallèle du développement du démonstrateur associé.

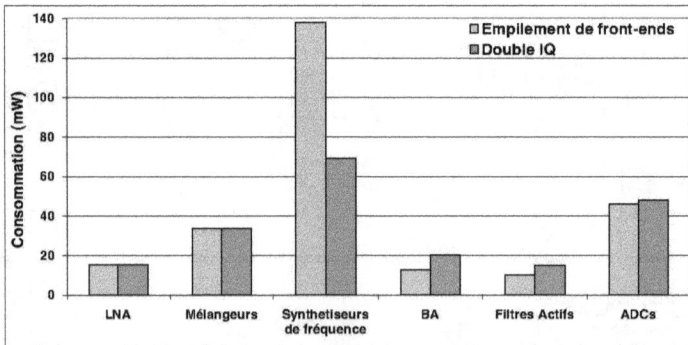

Figure 70.   Consommation globale des différents types de blocs électroniques dans un terminal dédiés à la réception simultanée 802.11g et UMTS.

Démonstrateur

Le démonstrateur de cette structure double IQ s'est basé sur une utilisation maximale du matériel préexistant, à savoir la plateforme Agilent. En effet, comme présenté sur la Figure 71, seul le premier étage de translation orthogonale a été réalisé, la seconde translation ainsi que la numérisation étant effectuée grâce au VSA (avec ses deux voies RF). Le reste des opérations de reconstruction des deux signaux WiFi et UMTS étant effectué après réinjection des signaux mesurés sous le logiciel ADS. Ce démonstrateur a permis de valider le bon comportement de cette structure et la cohérence avec l'étude par simulation (voir Figure 71).

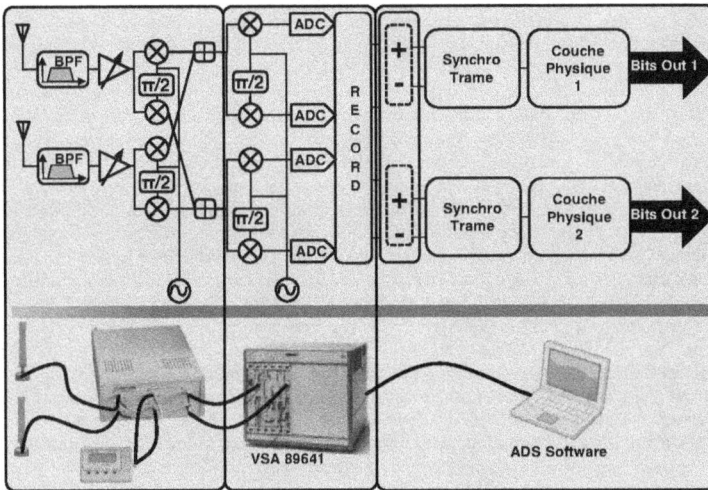

Figure 71.   Schématiques ADS utilisées pour pouvoir simuler une transmission simultanée 802.11g/UMTS.

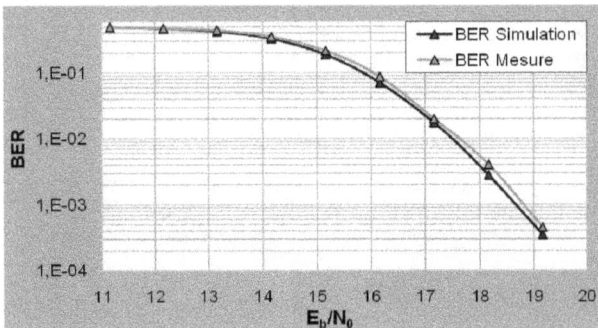

Figure 72.   Comparaison simulation/mesure de l'évolution du BER en fonction du Eb/N₀ du signal au niveau de l'antenne pour une transmission radiofréquence 802.11g intégrant un récepteur double IQ.

Optimisation des performances

Comme on peut le voir de cette modélisation théorique du fonctionnement de l'architecture de récepteur proposée, les deux bandes RF utiles sont multiplexées suite à la première translation orthogonale. Cette étape de multiplexage conduit à la superposition des deux spectres utiles en fréquence intermédiaire suite à un choix judicieux de la fréquence du premier oscillateur local. Le démultiplexage est réalisé dans le domaine numérique, une fois que les signaux sont translatés en bande de base par la deuxième étape de translation orthogonale en fréquence. On peut donc conclure que la qualité de la réception n'est pas fondamentalement changée suite à l'utilisation de ce type d'architecture. Cependant, le modèle théorique présenté précédemment ne tient pas compte des différents défauts qui peuvent apparaître dans les éléments de la chaîne de réception. Plus précisément, cette modélisation théorique du fonctionnement de l'architecture proposée ne prend pas en comptes les déséquilibres en phase et en gain entre les deux voies en quadrature des blocs IQ.

Si l'on veut évaluer plus complètement les performances potentielles de cette architecture, il convient alors d'intégrer ces possibles déséquilibres IQ (nous nous sommes concentrés ici sur ces seuls défauts RF, car ce sont les plus spécifiquement sensibles dans cette structure). L'étude ayant montré une sensibilité nettement accrue à ces défauts par rapport à une architecture super hétérodyne (la plus robuste), l'ajout dans la partie numérique d'une méthode de compensation de ces défauts a été proposé. La présence des défauts IQ a pour conséquence que les opérations de sommes et différences ne conduisent plus à l'obtention du seul signal d'intérêt, mais à la superposition de ce signal avec une interférence provenant de l'autre bande. Cette réjection du signal interférent se fait donc par critère MMSE sur la comparaison entre le signal issu de la structure double IQ et la séquence d'apprentissage du standard. Dans un souci de compromis entre la complexité et la réactivité de cette compensation, une méthode hybride associant une estimation de type LMS par défaut (moins complexe mais plus lente) à une estimation SMI (à convergence directe mais plus coûteuse en ressources) a été implémentée (Figure 73). En effet, dans un cadre d'utilisation de systèmes radiomobiles, les puissances reçues sur les deux bandes de fréquences peuvent fluctuer fortement et rapidement. Cette fluctuation est en partie atténuée par les chaines de contrôle de gain, mais peut néanmoins rester très importante. Ainsi, quand le déséquilibres entre les puissances des deux canaux reste stable, l'algorithme LMS suffit à corriger efficacement pour un faible coût de calcul, et en cas de brusque changement des rapports de puissance, l'algorithme SMI permet de déterminer directement les pondérations à appliquer pour la correction. Une illustration est donnée sur la Figure 74 : le BER du signal 802.11g est calculé dans le cas d'une rapide fluctuation de la puissance reçue sur le canal complémentaire (signal UMTS, on suppose ici la puissance du signal d'intérêt stable). On vérifie bien ici qu'en l'absence de correction le récepteur double IQ se retrouve en échec dès que le signal complémentaire dépasse un certain seuil (de l'ordre de -50 dBm dans ce cas). Par contre, grâce à l'algorithme adaptatif proposé, la qualité de la transmission est maintenue même lors des brusques variations de l'interférence.

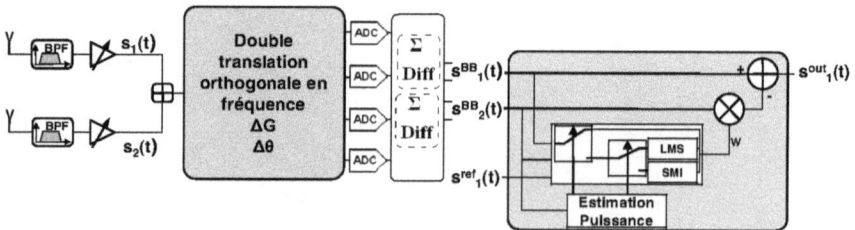

Figure 73.   Algorithme adaptatif dédié à la réduction de l'influence des défauts IQ sur la qualité de traitement du récepteur à double translation orthogonale en fréquence.

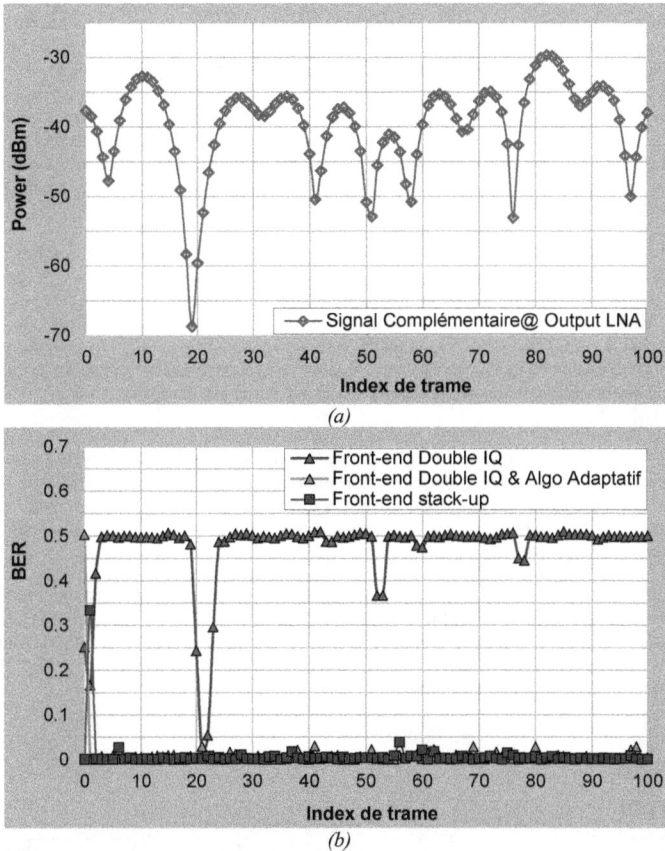

Figure 74.   Transmission 802.11g/UMTS continue utilisant un canal multi-trajet: (a) évolution de la puissance du signal complémentaire UMTS à la sortie de l'étage de contrôle de gain ; (b) évolution du BER de chaque trame 802.11g pour un récepteur stack-up, un double IQ, et un double IQ avec correction adaptative.

Enfin, on peut ajouter que l'ajout de cette compensation des défauts IQ permet aussi de réduire les contraintes sur les composants de notre architecture. En effet, il a été montré que les contraintes de dynamiques sur les AGC, données initialement à 40 dB, pouvaient être descendues à seulement 30 dB tout en conservant la même qualité de BER.

4.3.4   Récepteur multi-antenne à multiplexage par code

Poursuivant nos efforts pour optimiser les terminaux multi-*, nous avons également voulu nous intéresser au moyen de réduire la complexité des architectures RF liées aux systèmes multi-antenne. Les récepteurs classiques utilisent toujours autant de chaine RF que d'antenne, qu'ils soient basés sur une architecture hétérodyne, low-IF ou Zero-IF. Dans ce cadre, nous avons proposé une architecture permettant de se réduire à un seul démodulateur IQ (au lieu de N pour un système à N antennes). Des approches comparables de multiplexage des signaux provenant de chaque antenne avaient déjà été proposées auparavant, mais basée sur un multiplexage fréquentiel ou temporel (ce travail a fait l'objet du postdoc de Matthieu Gautier). Ici, notre proposition est d'effectuer un multiplexage des N branches de réception par le recours à de l'étalement par codes orthogonaux (principe équivalent au partage d'accès de type CDMA évoqué en 2.3.1).

Comme résumé dans la Figure 75, cette architecture applique un étalement des signaux reçus sur chaque branche, après l'antenne, le filtre de bande et le LNA. La taille des codes orthogonaux utilisés dépend bien sûr du nombre de branches, et dès lors le facteur d'étalement de ces signaux y est proportionnel. Ainsi, la principale contrepartie de cette approche est une augmentation de la largeur de bande des signaux à numériser, une fois ceux-ci sommés et passés par un seul démodulateur IQ. Les différentes contributions de chaque branche peuvent alors être reconstituées simplement par application de filtres adaptés. Les formulations théoriques sont détaillées notamment dans [Gaut11-2].

L'étude par simulation a montré, pour une transmission 802.11g et l'utilisation de codes Walsh-Hadamard, que le BER sur une seule branche de réception (sans considérer dans un premier temps de traitement d'antenne) était légèrement dégradé par rapport à une structure dédiée idéale (voir Figure 76). En effet, dans les simulations considérées, la synchronisation des codes est imparfaite, mais plus le nombre d'antenne est important, moins cet impact est pénalisant (seulement de l'ordre de 2 dB pour 8 antennes, avant tout traitement).

Un autre intérêt de cette structure est que, comme elle comporte un seul démodulateur IQ, le traitement d'antenne compense d'autant plus facilement les éventuels déséquilibres. L'analyse de complexité de l'architecture, associée comme précédemment à une évaluation de la consommation énergétique par composant, a permis d'estimer que pour une structure à 8 antennes (sur les spécifications 802.11g), l'économie pouvait se monter à 20%.

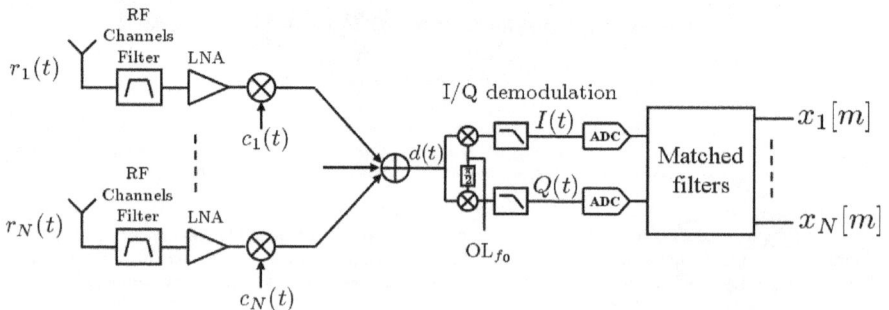

Figure 75.   *Architecture d'un récepteur multi-antenne à multiplexage par code utilisant un unique front-end analogique.*

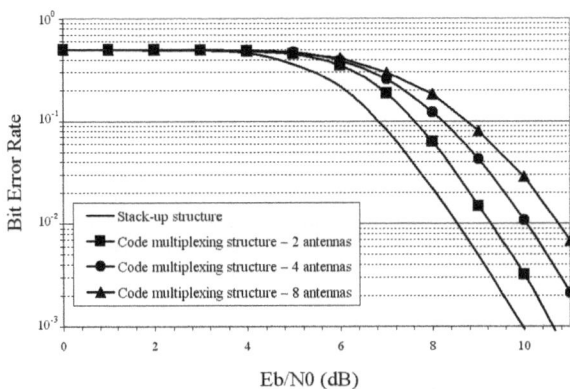

Figure 76.   BER simulé d'un lien 802.11g reçu sur une seule des N branches de réception en fonction du Eb/No pour une architecture sans étalement, ou avec facteur d'étalement de 2, 4 ou 8.

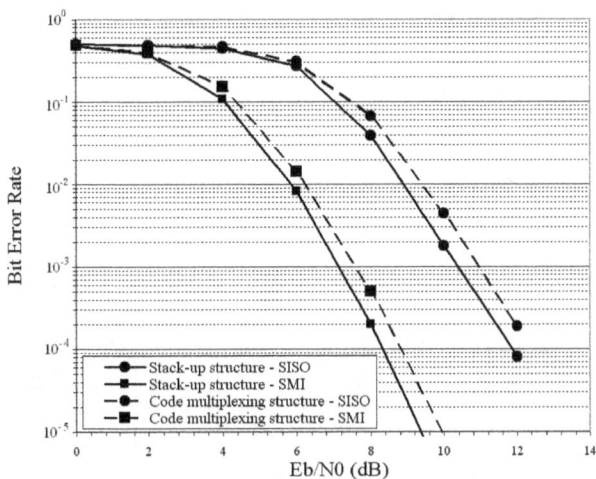

Figure 77.   BER mesuré en fonction du Eb/No pour une seule branche de réception ou le traitement SMI à deux voies de réception en canal AWGN. Les performances de la structure à multiplexage par code sont comparées à l'empilement de frontaux.

4.3.5   Structure combinée multi-* : récepteur LTE-advanced

Naturellement, après avoir proposé une architecture originale pour la réception de deux bandes de fréquences en simultané, ainsi qu'une autre architecture originale pour la simplification des systèmes multi-antenne, il nous a paru pertinent d'essayer d'associer ces deux principes. Heureux hasard du calendrier des évolutions technologiques, les premières propositions pour le développement de la LTE-Advanced mentionnaient alors l'utilisation de fragments de bande disjoints, tout en associant bien sûr cela aux approches multi-antenne. C'est donc dans ce cadre applicatif que nous avons réfléchi à une structure combinant double IQ et multiplexage par code.

La structure proposée est représentée dans la Figure 78. Elle est composée de quatre parties principales : les têtes de chaînes RF dédiées, le multiplexage RF par code, la structure double IQ et la partie numérique comprenant le démultiplexage et le traitement multi-antenne. Nous considérons que les deux signaux reçus S et S' sont le résultat de la propagation d'un signal bi-bande à travers deux canaux différents. Une fois reçus les deux signaux sont filtrés et amplifiés séparément par deux filtres RF et deux LNA respectivement.

Le multiplexage des quatre contributions est réalisé par une méthode en deux étapes. Tout d'abord, nous utilisons la technique du codage orthogonal RF afin de multiplexer le signal à deux entrées comme décrit précédemment. Les codes orthogonaux doivent avoir un temps *chip* deux fois plus petit que le temps symbole de chacune des deux bandes. Lors de la multiplication avec les codes, les deux bandes $Band_1$ et $Band_2$ du signal c_1S (respectivement $Band'_1$ et $Band'_2$ pour le signal c_2S') seront étalées de la même façon autour de leur fréquence centrale, comme indiqué sur la Figure 78. Cette étape de codage se termine par l'addition des signaux c_1S et c_2S'. Par conséquent, en utilisant la technique du code d'étalement, les contributions des antennes ayant la même fréquence centrale sont multiplexées deux par deux. À la suite de cette opération, le signal résultant occupe un spectre bi-bande. Chacune de ces deux bandes est composée de la somme entre les bandes c_1Band_1 et $c_2Band'_1$ autour de la première fréquence porteuse et des bandes c_1Band_2 et $c_2Band'_2$ autour de la deuxième fréquence porteuse.

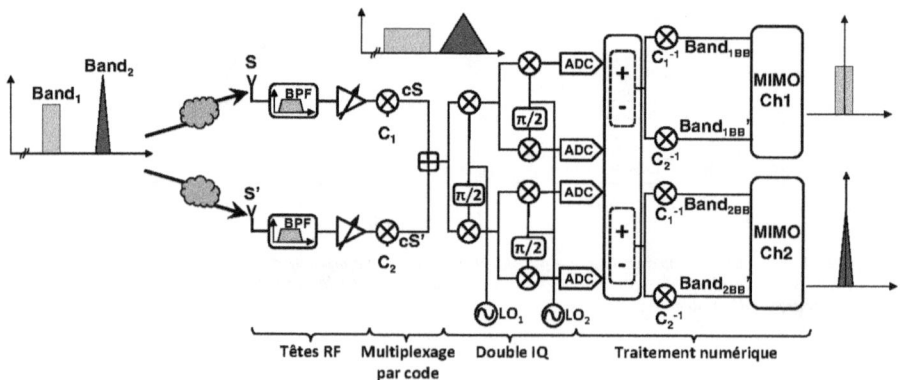

Figure 78.   Architecture d'un récepteur multi-antenne et multi-bande utilisant un unique front-end analogique.

La seconde partie de l'architecture est la mise en œuvre d'une structure double IQ. Cette structure multiplexe les deux bandes au cours de la transposition en bande de base. Un aspect important dans la mise en œuvre de cette structure est le choix du premier oscillateur local de fréquence LO_1. Cette fréquence est choisie de telle manière que chacun des signaux utiles a son spectre situé dans la bande de fréquence image de l'autre. En bande de base, les quatre signaux obtenus sont numérisés. Les contributions en bande de base des deux bandes utiles sont obtenues en utilisant deux séries d'opérations simples (comme vu précédemment). Les sorties numériques S_{1BB} et S_{2BB} sont les contributions en bande de base des deux bandes de fréquences codées. Afin de démultiplexer chacune de ces deux paires de signaux, on applique deux filtres numériques adaptés aux codes d'étalement.

Une fois que nous avons reconstruit les deux paires de signaux correspondant à la réception sur deux antennes d'un signal bi-bande, deux traitements d'antennes SIMO sont utilisés, un pour chaque bande. Comme auparavant, le traitement numérique utilisé dans cette étude est le traitement SMI. Le détail du fonctionnement théorique de l'architecture proposée est donné dans [Burc10-1].

Sur cette architecture, l'évaluation du gain de consommation est de 33%, ce qui en fait un excellent candidat pour ce genre d'application. De plus, comme précédemment, en plus de ce gain énergétique, une réduction du coût global et de l'encombrement y est associée. De plus, l'étude en simulation et en mesure dans un canal de propagation réel a montré, comme on peut le voir sur la Figure 80, que les performances obtenues en termes de BER sont quasiment identiques à celles d'un empilement de front-ends dédiés.

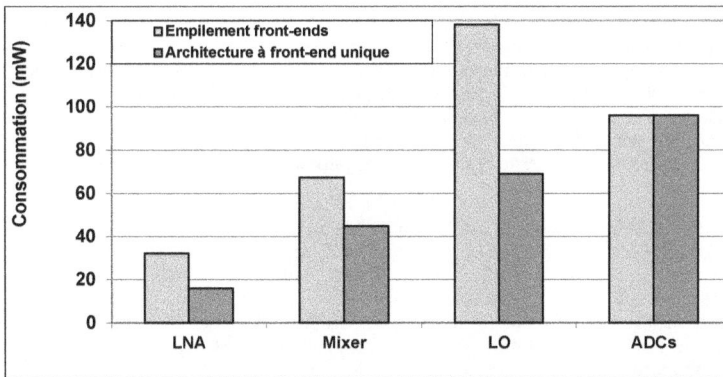

Figure 79.   Consommation globale des différents types de blocs électroniques dans un terminal dédiés à la réception LTE-Advanced sur deux bandes avec deux antennes.

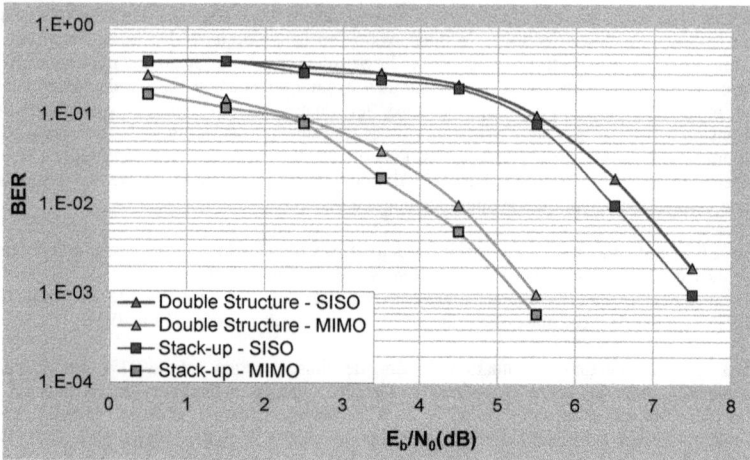

Figure 80.   BER mesuré en fonction de Eb/N0 pour la réception SIMO d'un signal bi-bande.

4.3.6   Conclusion sur les architectures

Pour tenter une brève synthèse de ces travaux sur les récepteurs multi-*, on peut souligner à nouveau l'importance de faire le lien entre les parties analogiques et numériques des systèmes radio. Il ne faut pas leurrer : on ne fera jamais mieux du point de vue performance pure que le développement d'un front-end dédié à chaque standard, chaque bande de fréquence ou chaque antenne. Mais une mutualisation devient pertinente si l'on veut offrir plus de souplesse au système et que l'on cherche intrinsèquement à gérer plusieurs ressources en parallèle. La gestion de plusieurs canaux recouvrants, la réception simultanée de canaux fortement disjoints, ou le multiplexage de plusieurs branches de diversité, là se trouvent les défis que nous avons déjà relevés.

Au-delà, la combinaison de l'architecture double IQ et du multiplexage par code montre bien que plus l'architecture visée tend à intégrer un grand nombre de degrés de liberté, plus il sera pertinent de viser ces architectures combinées. Mais dans tous les cas étudiés, nous avons aussi mis en évidence l'importance des techniques de traitement numérique pour contrebalancer les choix faits dans l'architecture analogique. Et cela semble là aussi pertinent : les capacités de traitement numérique s'améliorent de jour en jour, le développement des architectures SDR progresse à grand pas, et les principes de radio cognitive requièrent de par même leur approche d'offrir le plus de flexibilité possible, aussi bien dans les parties analogiques que numériques.

4.4 Potentiel des relais multi-*

4.4.1   Scénarios envisagés et premiers résultats

En considérant que le recours aux architectures de type radio logicielle vont être amenées à se démocratiser pour permettre de s'adapter de manière de plus en plus souple et transparente aux diverses possibilités de connexions sans fil, il nous est paru intéressant de nous pencher sur le potentiel des relais dans ce contexte. Plus précisément, peut-on estimer un gain réaliste de consommation dans un réseau sans fil en supposant que les terminaux mobiles sont SDR, multi-standard et potentiellement multi-antenne ?

Cette étude a été le cadre de la thèse de Cédric Lévy-Bencheton, et l'occasion d'une collaboration entre deux axes du laboratoire, l'axe systèmes embarqués et l'axe radio, représentés par Tanguy Risset et moi-même. Comme les scénarios potentiels pourraient être très nombreux, nous avons fait certains choix pour arriver à définir les limites de cette étude. Tout d'abord, on suppose un réseau à infrastructure centralisée, où les données proviennent à une station de base ou un point d'accès (ou lui sont destinées). Ce réseau communique dans un standard dédié, mais les terminaux mobiles reliés à ce réseau peuvent relayer l'information à d'autres nœuds du réseau dans un autre mode de communication. La Figure 81 présente les configurations de base pour évaluer les performances d'une telle approche. On suppose un seul point d'accès (AP, servant de passerelle vers le réseau cœur) couvrant une cellule avec des utilisateurs mobiles. Tous ces utilisateurs possèdent des terminaux SDR capables de se configurer selon deux standards de communications (de manière exclusive ou en parallèle), nommés *Dmode (Direct Mode)* et *Rmode (Relay Mode)*. L'utilisateur PU (pour *Primary User*) est toujours connecté à l'AP dans le standard *Dmode*. Les autres utilisateurs de la cellule, nommés SU (pour *Secondary User*) peuvent soit être connectés directement à l'AP (et cela donc dans le mode *Dmode*), soit passer par le relai de PU (le lien SU-PU étant effectué dans le mode *Rmode*).

Comme le but principal est de mettre en place les outils pour une évaluation la plus complète te réaliste du gain potentiel en termes de consommation énergétique, la métrique qui a été privilégiée ici est la dépense énergétique nécessaire au total par bit de données utile. Pour pouvoir évaluer finement cette consommation au niveau de terminaux SDR, les étapes principales ont été de définir les standards, d'évaluer la complexité de chaque bloc fonctionnel de traitement des données en émission comme en réception, de choisir une architecture numérique cible, de déterminer la consommation de cette architecture numérique pour chaque fonction associée, puis de déterminer la consommation des parties analogiques des émetteurs et récepteurs, et enfin de déterminer globalement les temps d'émission et de réception associés à chaque mode.

Le processeur générique qui a été considéré dans cette étude est un ARM 968E-S, qui consomme 0.14 mW/MHz et réalise 1,1 opération par cycle. Le détail du calcul des nombres de cycles nécessaires à chaque opération et pour chaque standard est disponible dans [Levy10].

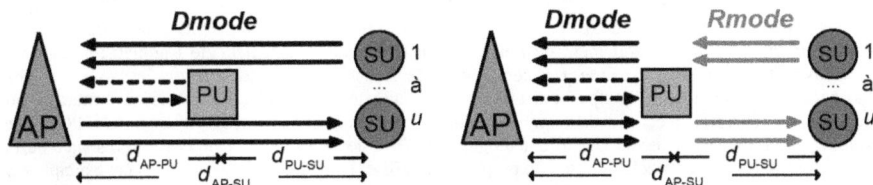

Figure 81.   Scénarios de base de l'étude : à gauche, tous les utilisateurs sont connectés directement au point d'accès avec le standard de communication Dmode ; à droite, l'utilisateur PU est connecté au point d'accès avec le standard Dmode, et relaye les informations pour les utilisateurs SU dans le standard Rmode.

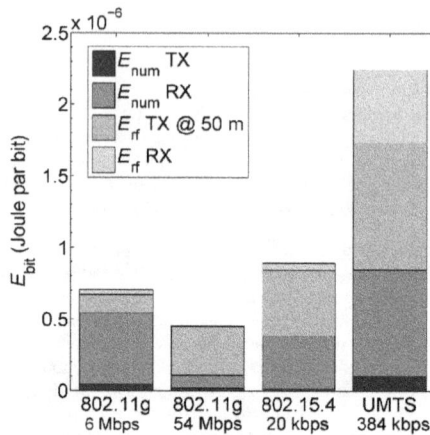

Figure 82.   Dépense énergétique pour un bit de données utile (en Joule par bit) pour les différents standards étudiés (et en fonction de la classe de débit choisie).

Une fois cette cible déterminée, la consommation des front-ends a été intégrée (basée notamment sur les travaux précédents sur les architectures multi-*), et des modèles de canaux empiriques identifiés (étalonnés suite à une campagne de mesure). Un bilan chiffré de tout cela peut être vu sur la Figure 82. Seules certaines classes de débits des différents standards, les plus significatives, ont été ciblées. Plusieurs constats en ressortent. Tout d'abord que la consommation de la partie numérique (en bleu) est en général du même ordre voire supérieure à celle de la partie analogique, et que dans cette partie numérique, c'est logiquement la part en réception qui est prépondérante. Ensuite, contrairement à ce que l'on pourrait penser de prime abord, le ZigBee (802.15.4) n'est pas si économe quand on regarde l'énergie par bit, car proportionnellement ce standard nécessite un temps bien plus important pour transmettre un bit d'information. De plus, de par sa faible sensibilité, la consommation analogique à l'émission devient importante pour garantir une réception à la distance considérée. De même, l'UMTS est très gourmand en énergie de par le principe d'étalement, qui demande un grand nombre chips pour reconstruire un bit et le fort codage associé à ce standard dédié à la mobilité. Enfin, pour les deux classes de débits du 802.11g, on s'aperçoit que même si le niveau de puissance d'émission nécessaire pour arriver à transmettre un signal à 54 Mbps est nettement plus importante que pour la transmission à 6 Mbps, le rendement énergétique dans la partie numérique est bien plus intéressant (toujours bien sûr quand on considère l'énergie par bit utile, chaque symbole transmis représentant bien plus de bits).

Cependant, il convient de relativiser la portée de ces résultats. D'une part, la consommation de la partie numérique dépend grandement de l'architecture cible, mais également de l'implémentation des fonctions numériques qui y est faite. Les complexités des fonctions de traitement sont ici basées sur des algorithmes très génériques, qui peuvent trouver des implémentations plus ou moins performantes ou économes en énergie, avec des coûts très variables entre un processeur générique et un FPGA par exemple. De plus, la part liée à la partie analogique en émission est directement liée à la distance de la liaison considérée et au modèle de canal de propagation utilisé. La distance ciblée ici dans cet exemple est clairement plus favorable au standard 802.11. Enfin, les consommations analogiques sont naturellement très dépendantes de l'architecture des front-ends utilisés, et là aussi de grandes disparités peuvent apparaître.

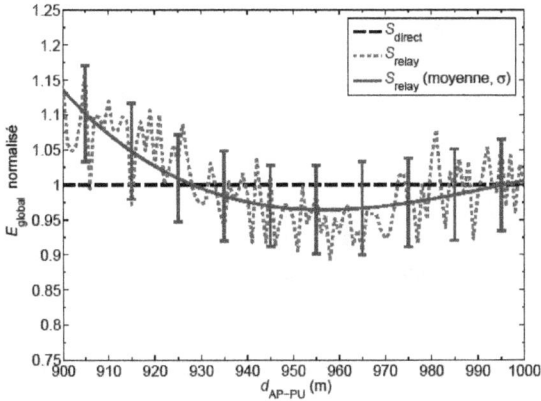

Figure 83.   *Dépense énergétique pour un bit de données utile (en Joule par bit) pour les différents standards étudiés (et en fonction de la classe de débit choisie).*

Malgré ces réserves nécessaires, nous présentons en Figure 83 un exemple de résultat découlant de cette approche. Ce graphique représente l'évolution de cette métrique de consommation d'énergie par bit utile en fonction de la distance AP-PU (voir pour rappel en Figure 81), pour une distance AP-SU fixée à 1000 mètres. La consommation est ici normalisée par celle du lien direct, à savoir quand PU et SU sont tous les deux reliés directement à l'AP (cas de gauche dans la Figure 81). Ici, le standard *Dmode* est l'UMTS et le standard de relai est le 802.11g à 54 Mbps. La droite en pointillé noire représente donc la référence, afin de savoir si le relai multi-mode devient intéressant ou non. La courbe pointillée magenta représente une réalisation de ce scénario (incluant du *fading*), et la courbe bleue la moyenne sur cent réalisations. On observe alors que dans ce scénario, et avec toutes les hypothèses associées, seule une zone relativement restreinte offre un avantage de réduction de consommation. Cette zone correspond à une distance de quelques dizaines de mètres entre PU et SU. A nouveau quand la distance PU-SU devient trop faible, le relai n'est plus intéressant car les deux liens directs AP-PU et AP-SU deviennent équivalents. On peut également noter que même dans cette zone favorable au relai, l'économie d'énergie n'est qu'au mieux de l'ordre de 5%.

Cependant, si le nombre de SU relayés par le PU augmente, les gains deviennent plus intéressants [Levy09]. Il peut donc être considérer rentable de définir des politiques de mise en place ou non d'un relai multi-mode, en fonction des conditions de canal radio et de la topologie du réseau (emplacement des différents utilisateurs, entre eux et par rapport à l'AP). Mais ce genre de politique devant être gérée par la couche MAC, nous avons décidé de poursuivre l'évaluation de ces approches en utilisant un simulateur de réseaux : WSNet.

4.4.2   Evaluations basées sur WSNet de relais multi-mode

Pour mieux prendre en compte une consommation réaliste de ces approches de relai multi-mode, nous avons donc implémenté ces scénarios dans le simulateur WSNet (présenté en 2.4.1.5). Il a fallu tout d'abord modifier la version existante de ce simulateur, d'une part pour permettre de jouer des simulations multi-mode (le logiciel prévoyant nativement un seul mode de communication simultané), d'autre part pour y intégrer les modèles de consommation développés auparavant. Ce travail a fait l'objet du stage de Master de Doreid Ammar [Levy10][Levy11-3].

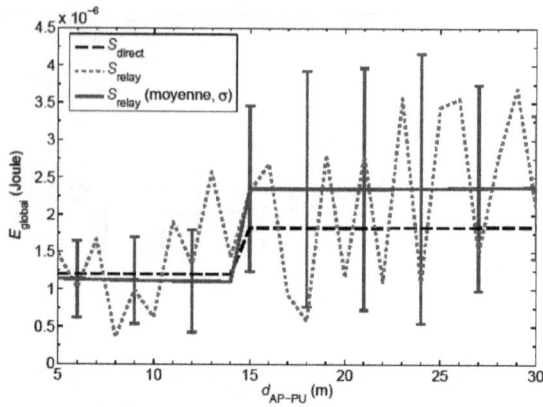

Figure 84.   Résultats de simulations WSNet pour un seul SU à 30 mètres en canal de Rayleigh, sans erreurs ni retransmission.

Pour des raisons pratiques d'implémentation, les scénarios utilisent un standard 802.11g à 6 Mbps comme lien direct (*Dmode*) et le 802.15.4 pour le relai (*Rmode*). La taille des paquets de données est fixée à 500 octets. L'échelle des distances est de fait nettement réduite, avec par défaut un lien AP-SU à 30 mètres, le PU pouvant se déplacer dans cet intervalle. L'intégration des mécanismes MAC a mis en évidence un facteur très important (et très pénalisant) pour ces approches de relai : les phénomènes d'écoute passive. En effet, comme on peut le voir clairement sur la Figure 84, pour une distance AP-SU fixe à 30 mètres et un PU se déplaçant dans cet intervalle, quand le PU se retrouve à mi-distance entre les deux, le SU commence à recevoir les paquets 802.11 générés par le lien PU-AP. Ces paquets engendrent alors une surconsommation au niveau du SU alors qu'ils ne lui sont pas destinés. On observe alors ce brusque saut de la courbe de consommation quand le PU passe cette mi-distance. Dans ce cas spécifique, le gain du relai est très faible pour les distances AP-PU inférieures à 15 mètres, et on constate même une nette surconsommation au-delà. Par contre, dans un canal fluctuant fortement, on peut voir que si une politique opportuniste de relai était mise en œuvre, elle pourrait ponctuellement apporter des gains plus intéressants.

Suite à ces résultats, deux approches ont été proposées pour réduire l'impact de ces écoutes passives et augmenter l'intérêt de ces relais multi-mode. La première consiste simplement à appliquer un contrôle de puissance au niveau de l'AP afin d'éviter que les paquets du lien descendant vers le PU ne provoquent des écoutes passives. La seconde, plus radicale mais réaliste néanmoins, suppose que les SU sont capables d'éteindre leur interface 802.11 lorsque qu'ils se savent relayés par un lien 802.15.4. Ainsi le phénomène d'écoutes passives est supprimé et le gain de relayage reste intéressant dans l'ensemble de la zone. On peut voir un exemple de résultats comparés avec ces différentes approches illustré à la Figure 85. De même, comme évoqué précédemment, le gain dû au relai est accentué quand le PU dessert plusieurs SU. La Figure 86 montre l'effet de ce nombre de SU, dans le cas d'un système avec contrôle de puissance. Dans le cas avec 7 SU relayés, une économie d'un tiers de l'énergie consommée pour chaque bit utile peut être observée. Cette approche semble donc pertinente dans des réseaux avec un grand nombre d'utilisateurs, et où les quantités de données à transmettre par chaque SU peuvent être multiplexées sur un seul lien PU-AP dans le standard le plus haut débit.

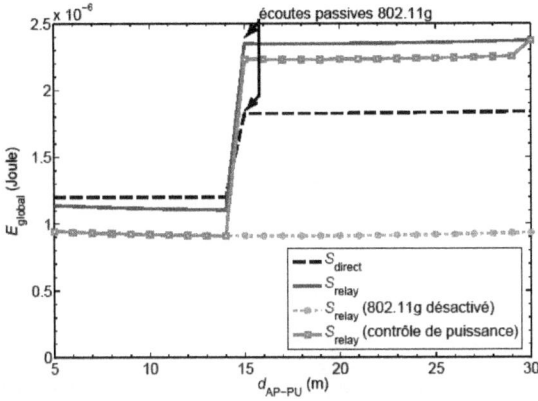

Figure 85.   Comparaison des résultats avec WSNet de la consommation des liens directs, de l'utilisation du relai, du relai avec contrôle de puissance et du relai avec extinction de l'interface inutilisée.

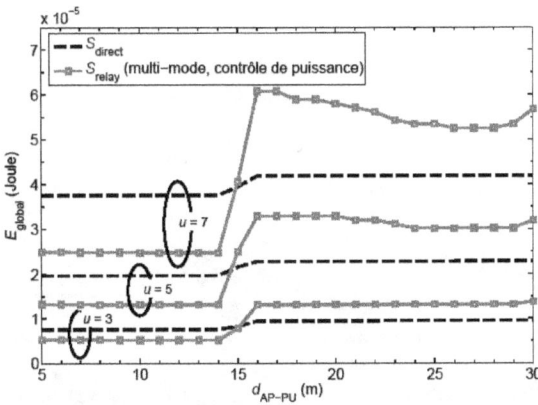

Figure 86.   Comparaison des résultats avec WSNet de la consommation des liens directs et de l'utilisation du relai avec contrôle de puissance en fonction du nombre de SU.

4.4.3   Extension au multi-antenne

Au-delà de ces approches multi-mode des relais, nous avons aussi intégré la possibilité que les terminaux SDR utilisés possèdent plusieurs antennes (tout comme le point d'accès). Pour cela également, le simulateur WSNet a dû être adapté au multi-antenne [Vill12]. Initialement dans ce simulateur, chaque nœud radio possède une seule antenne, la possibilité d'avoir plusieurs antennes a donc nécessité des modifications importantes. Egalement, comme cette multiplication des données entraine une multiplication des trames (et que WSNet considère intrinsèquement chaque trame comme unique et indépendante), il a fallu intégrer de nouvelles métadonnées pour pouvoir identifier clairement chaque trame et savoir si elle provient du même nœud à l'émission, et si elle est reçue sur plusieurs antennes en réception. Notamment, le suivi précis de ces duplications de paquets étaient cruciale pour déterminer les paquets reçus qui devaient être considérés comme interférents, ou au contraire contribuant à l'amélioration du SINR. Une fois ces modifications implémentées, différents scénarios SISO, MISO et MIMO ont été étudiés, là aussi en fonction du nombre d'utilisateurs relayés et des stratégies de réduction des écoutes passives. Nous avons également comparé ces résultats au cas d'un relai mono-mode, c'est-à-dire utilisant le mode WiFi à la fois pour la connexion AP-PU mais également pour la (ou les) connexion PU-SU.

Comme on peut le voir sur la Figure 87, dans le cadre de communications MIMO, le relai n'est pas nécessairement avantageux. Si l'on prend l'exemple du relai pour 7 utilisateurs (SU), on constate que par rapport à un lien direct de type MIMO, la stratégie de relai n'apporte une réduction de consommation que pour les faibles distances AP-PU. La zone d'intérêt est même plus restreinte que dans le cas SISO, car la sensibilité en réception est plus grande en MIMO, donc les écoutes passives apparaissent à plus grande distance. De plus, le gain énergétique dans cette zone d'intérêt n'est pas plus important que pour le cas SISO, ceci étant dû au fait que la multiplication des chaines RF induit un surcoût qui contrebalance le gain en SNR du traitement d'antenne. Autre point que l'on peut souligner dans cette illustration, le fait que malgré tout, l'approche de relai multi-mode demeure plus intéressant dans tous les cas que le relai mono-mode (ce qui est un argument fort pour l'utilisation d'approches multi-*).

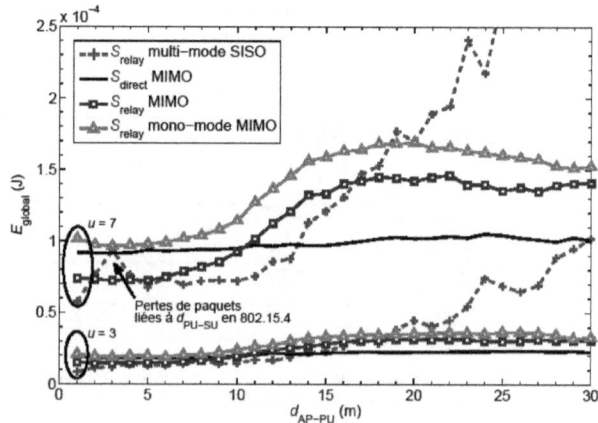

Figure 87.   *Comparaison des résultats avec WSNet de la consommation des liens directs MIMO avec l'utilisation du relai SISO ou MIMO mono-mode ou MIMO multi-mode, en fonction du nombre de SU.*

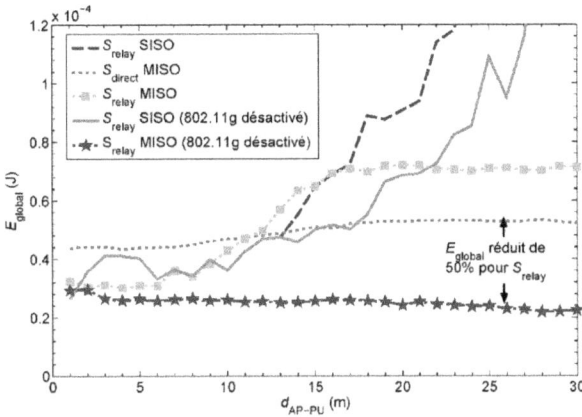

Figure 88.   Comparaison des stratégies SISO et MISO, avec ou sans désactivation de l'interface non utilisée pour 5 SU.

De même que dans le cas mono-antenne précédent, nous avons également proposé des approches pour augmenter l'intérêt du recours à ces stratégies de relai. Le premier concept, identique à l'étude précédente, est de désactiver l'interface non utilisée quand on est relayé (interface 802.11 des SU). Le second principe est de n'utiliser le multi-antenne qu'à l'émission, en limitant les récepteurs à une seule antenne (les nœuds sont multi-antenne mais n'utilisent qu'une seule voie en réception). Ce principe, même s'il peut paraitre sous-optimal par rapport à une transmission MIMO, permet d'obtenir un compromis très intéressant d'un point de vue énergétique : les terminaux consomment moins (une seule chaine RF en réception) et subissent moins d'écoutes passives. On constate sur le Figure 88 que dans un cas avec 5 SU relayés on peut atteindre une réduction de moitié de l'énergie consommée par bit utile, ce qui devient particulièrement intéressant [Levy11-2].

4.4.4   Conclusions

Sur ces aspects de relai multi-*, il est plus aisé de donner des perspectives que de réelles conclusions. En effet, l'intérêt a été de montrer la forte dépendance des résultats au réalisme des modèles utilisés à tous les niveaux. Comme nous avons intégré une vision large de ces transmissions à relai, souvent seulement étudiées d'une manière purement théorique au niveau PHY (comme la capacité d'un canal à relai) ou au niveau MAC (comme l'optimisation des protocoles multi-saut ou la détermination de routes optimales), le réalisme est plus grand, mais aussi les hypothèses plus nombreuses. Les choix faits de cible d'architecture RF et numérique, les standards choisis, et également les modèles de propagations utilisés vont très fortement influencer les résultats, et donc les conclusions à tirer dans le cadre des scénarios spécifiques étudiés. Cependant, on peut souligner quelques conclusions générales par rapport à ces résultats :

- La consommation de la partie numérique des terminaux SDR est loin d'être négligeable, particulièrement à la réception. Beaucoup d'études de plus haut niveau voulant estimer la consommation prennent en compte uniquement la puissance consommée par la partie analogique, et même parfois uniquement à l'émission, ces hypothèses sont largement fausses dans notre cas d'étude.
- Des standards de communication supposés « basse consommation » ne sont pas nécessairement toujours les plus avantageux, tout dépend du cadre spécifique de leur

utilisation et de la cible matérielle. L'évaluation des performances en termes d'énergie consommée par bit utile semble la plus appropriée pour un bilan global.

- Les mécanismes MAC ont un très fort impact sur les performances finales d'une transmission à relai. L'utilisation d'un simulateur réseau est donc indispensable pour estimer correctement le comportement d'un réseau à grande échelle. L'intégration de modèles de canaux réalistes et de modèles de consommation détaillés est alors nécessaire.

- Les relais multi-mode semblent avoir un fort potentiel (et supérieur pour dans les cadres d'application appropriés aux relais mono-mode) mais cela nécessiterait alors pour profiter au maximum de ce potentiel de redéfinir spécifiquement les mécanismes. Une approche de type MAC unifiée incluant plusieurs PHY serait la meilleure voie. De même, l'intégration d'antennes multiples peut aussi réduire la consommation globale si on gère les mises en relai de manière appropriée.

La contribution en termes d'outil pour évaluer ces stratégies de relai est également importante : l'intégration de modèles de consommation réalistes, intégrant les parties analogiques et numériques, l'adaptation de l'outil au multi-mode ainsi qu'au multi-antenne. Dans le cadre général du développement de communications moins énergivores (*Green radio*), cet outil permet une approche très complète de la problématique pour des réseaux complexes, hétérogènes et large échelle (même si dans les études présentées nous sommes restés sur un nombre de nœuds très limité). Au-delà, le concept de terminaux à radio logicielle, voire à radio cognitive, peut permettre d'espérer que dans toutes les situations, nos terminaux soient à terme capable de choisir le meilleur medium de communication, pas seulement sur un critère de qualité de service, mais sur un critère de moindre consommation, et cela pas seulement localement (préserver sa propre batterie), mais à une échelle plus large (minimisation de la consommation dans une cellule ou dans l'ensemble du réseau). Bien sûr, cette vision idéaliste est loin d'être atteinte à l'heure actuelle, et les intérêts même des différents protagonistes peuvent pousser à des compromis très différents. L'opérateur de télécommunication par exemple aura tout intérêt à ce que les terminaux des utilisateurs relayent au maximum les informations, car cela lui permettra de réduire la consommation de ses propres stations de bases. L'utilisateur, lui, préférera sans doute préserver sa batterie que relayer son voisin. On peut aussi noter que plus globalement, l'efficacité énergétique de tout un réseau hétérogène devrait prendre en compte le rendement complet des systèmes radio (le rendement des transgormateurs des terminaux mobiles par exemple).

Sélection de publications

Brevets

[Burc10] I. BURCIU, M. GAUTIER, G. VILLEMAUD, J. VERDIER, "Method for Processing Two Signals Received by a Single Terminal" WO/2010/031944, March 2010.

Chapitres de livre

[Lai13] Z. LAI, G. VILLEMAUD, M. LUO, J. ZHANG, "Radio Propagation Modeling", included in "Heterogeneous Cellular Networks: Theory, Simulation and Deployment", Ed. Cambridge, July 2013.

[Burr12] A. BURR, I. BURCIU, P. CHAMBERS,T. JAVORNIK, K. KANSANEN, J. OLMOS, C. PIETSCH, J. SYKORA, W. TEICH, G. VILLEMAUD, "MIMO and Next Generation Systems", included in "Pervasive Mobile and Ambient Wireless Communications", Ed. Springer, 2012.

[Vill11] G. VILLEMAUD, J. VERDIER, M. GAUTIER, I. BURCIU AND P. F. MORLAT, "Front-end architectures and impairment corrections in multi-mode and multi-antenna systems", included in "Digital front-end in wireless communication and broadcasting: circuits and signal processing", Ed. Cambridge, Sept. 2011.

[Gaut11] M. GAUTIER, G. VILLEMAUD, C. LÉVY-BENCHETON, D. NOGUET and T. RISSET, "Cross-layer design and digital front-end for cognitive wireless link", included in "Digital front-end in wireless communication and broadcasting: circuits and signal processing", Ed. Cambridge, Sept. 2011.

Communications dans des revues internationales avec comité de lecture

[Mary13] P. MARY, M. DOHLER, J.M. GORCE, G. VILLEMAUD, "Packet Error Outage for Coded Systems Experiencing Fading and Shadowing", IEEE Trans on Wireless comm., Vol. 12, N°. 2, February 2013.

[Uman12] D. UMANSKY, J.M. GORCE, M. LUO, G. DE LA ROCHE , G. VILLEMAUD, "Computationally Efficient MR-FDPF and MR-FDTLM Methods for Multifrequency Simulations", IEEE Trans on Antennas and Propagation, 61(3):1309-1320, 2012.

[Luo12] M. LUO, G. VILLEMAUD, J.M. GORCE, J. ZHANG, "Realistic Prediction of BER and AMC for Indoor Wireless Transmissions", IEEE Antennas and Wireless Propagation letters, vol. 11, pp. 1084-1087, 2012.

[Levy11] C. LEVY-BENCHETON, D. AMMAR, G. VILLEMAUD, T. RISSET, C. REBOUL, "Multi-mode relaying for energy consumption reduction", in Annals of Telecommunications, en revision.

[Mary11] P. MARY, M. DOHLER, J.-M. GORCE, G. VILLEMAUD, "Symbol Error Outage Analysis of MIMO OSTBC Systems over Rice Fading Channels in Shadowing Environments", IEEE Trans. on Wireless Comm., Vol. 10, No. 4, Apr. 2011, pp. 1009 - 1014.

[Burc11] I. BURCIU, G. VILLEMAUD, J. VERDIER, M. GAUTIER, "Low Power Front-End Architecture dedicated to the Multistandard Simultaneous Reception", International Journal of Microwave and Wireless Technologies, Volume 2, Issue 6, pp 505-514, Jan 2011.

[Gaut11-2] M. GAUTIER, G. VILLEMAUD, I. BURCIU, "The Multi-antenna Code Multiplexing Front-end: Theory and Performance", International Journal of Microwave and Wireless Technologies, Volume 2, Issue 6, pp 515-522, Jan 2011.

[Roche10] G. DE LA ROCHE, P. FLIPO, Z. LAI, G. VILLEMAUD, J. ZHANG, and J.M. GORCE, "Implementation and Validation of a New Combined Model for Outdoor to Indoor Radio Coverage Predictions," EURASIP Journal on Wireless Communications and Networking, vol. 2010, Article ID 215352, 9 pages, Aug 2010.

[Vill10] G. VILLEMAUD, P.F. MORLAT, J. VERDIER, J.M. GORCE, M. ARNDT, "Coupled Simulation-Measurements Platform for the Evaluation of Frequency-Reuse in the 2.45 GHz ISM band for Multi-mode Nodes with Multiple Antennas", EURASIP Journal on Wireless Communications and Networking, Volume 2010, Article ID 302151, 11 pages, March 2010.

[Mary09] P. MARY, M. DOHLER, J.M. GORCE, G. VILLEMAUD, M. ARNDT, "M-ary Symbol Error Outage Over Nakagami-m Fading Channels in Shadowing Environments", Communications, IEEE Transactions on , vol.57, no.10, pp.2876-2879, October 2009.

[Mary07] P. MARY, M. DOHLER, J.M. GORCE, G. VILLEMAUD, M. ARNDT, "BPSK Bit Error Outage over Nakagami-m Fading Channels in Lognormal Shadowing Environments", IEEE Communications Letters, volume 11 number 7, july 2007.

Thèses
[Mary08] MARY P., "Etude analytique des performances des systèmes radio-mobiles en présence d'évanouissements et d'effet de masque". PhD thesis, INSA Lyon, Feb. 2008.

[Morl08-4] MORLAT P.F., "Evaluation globale des performances d'un récepteur multi-antennes, multi-standards et multi-canaux", PhD thesis, INSA Lyon, Dec. 2008.

[Burc10-2] BURCIU I., "Architecture de récepteurs radiofréquences dédiés au traitement bibande simultané", PhD thesis, INSA Lyon, May 2010.

[Levy11-4] LEVY-BENCHETON C., "Étude de relais multi-mode sous contrainte d'énergie dans un contexte de radio logicielle". PhD thesis, INSA Lyon, June 2011.

[Luo13-3] LUO M., "Fast and accurate radio propagation models for radio network planning", PhD thesis, INSA Lyon, July 2013.

Présentations invité
[Vill10-2] G. VILLEMAUD, "System-level evaluation of multi-* radio links", CWIND, University of Bedfordshire, UK, July 2010.

[Vill10-3] G. VILLEMAUD, "Realistic performance of enhanced flexible radio links", AEROFLEX R&D, Stevenage,UK, August 2010.

[Vill12-3] G. VILLEMAUD, "Coverage Prediction for Heterogeneous Networks: From Macrocells to Femtocells", Femtocell Winter School, Barcelone, Espagne, février 2012.

[Vill12-4] G. VILLEMAUD, "Realistic Prediction of Available Throughput of OFDM Small Cells", 6th Small Cell and HetNetWorshop, Small Cell World Summit, London, UK, June 2012.

5. Perspectives de recherche

Finalement, après l'exposé des différentes contributions dans les parties précédentes, nous détaillons ici les nouvelles orientations initiées et les perspectives de développement de ces travaux. Suite à une synthèse en forme de retour d'expérience dans un cadre global, les perspectives sont données principalement sous deux angles : le développement d'outils existants ou nouveaux dédiés à l'évaluation des performances des communications multi-, puis les pistes d'investigations pour les architectures de terminaux avec les définitions de nouvelles métriques et la focalisation sur les principaux verrous scientifiques.*

5.1 Cadre global

Les champs abordés sont vastes, les expériences diverses. Le cadre global des réseaux sans fil hétérogènes apporte tellement de perspectives de recherche qu'il est parfois dur de focaliser clairement. Par rapport à ce qui a été fait jusqu'alors, un qualificatif commun pourrait être le réalisme : essayer dans chaque cas d'étude, de rendre compte de la manière la plus réaliste possible des performances potentielles des systèmes multi-*. Ce réalisme passe par le choix des bons outils, théoriques, de simulation ou d'expérimentation, mais aussi par le choix des meilleurs compromis entre l'évaluation réaliste et la complexité de l'étude, des simulations ou des expérimentations en question. Où arrêter l'étude ? Quels sont les bons paramètres à faire varier ? Quels sont les scénarios représentatifs ? Quels sont les données résultantes réellement utiles et pertinentes ?

A ces multiples questions je pense que les travaux exposés ici permettent de répondre au moins en partie, mais que les progrès technologiques constants font que l'on peut toujours se reposer les mêmes questions, dans des cadres évoluant sans cesse. Les métriques évoluent, la consommation énergétique devient un enjeu crucial, et le compromis performance-consommation est désormais prépondérant. La *Green radio* doit se décliner à tous les niveaux des réseaux : du réseau cœur au réseau d'accès, des couches hautes aux couches basses. On sait que des gains peuvent être faits à tous les niveaux, mais la vision transversale défendue ici peut permettre de cibler les points les plus critiques. Intégrer dans une même étude les architectures analogiques et numériques, les traitements multi-*, les interférences, des canaux radio réalistes, ainsi que les mécanismes de partage d'accès, cela s'avère bien sûr complexe, mais riche d'enseignements.

Les approches multi-* sont souvent considérées comme globalement prometteuses pour viser de hautes performances, mais trop coûteuses ou trop énergivores. Pourtant, il y a là encore un très grand potentiel pour proposer de nouvelles architectures, de nouveaux concepts de reconfiguration ou de sélection du meilleur standard ou du meilleur relai. Des architectures pensées plus globalement, plus nativement multi-*, permettront d'aller réellement vers ces réseaux du futurs, plus flexibles, plus cognitifs, et du coup, si les décisions sont prises selon les bons critères, au final moins consommateurs d'énergie. L'Internet du futur n'est pas nécessairement constitué de réseaux à plus haut débit, mais surtout de réseaux disponibles partout, plus stables et offrant la même qualité de service que les meilleurs interfaces actuelles mais avec un rendement énergétique bien meilleur.

Les travaux présentés sont larges, les perspectives le sont également. Mais un retour d'expérience de ces années de recherche pourrait être que la transversalité a ses vertus, mais également ses travers. Prendre en compte trop de paramètres peut conduire au final à ne plus pouvoir établir clairement de conclusions. Comme je vais l'exposer par la suite, deux voies principales de poursuite de ces travaux peuvent être définies : continuer d'améliorer les outils, et poursuivre les réflexions sur l'adaptation de nouvelles architectures dans les nouveaux contextes applicatifs. Cette vision des travaux futurs à mener est également à mettre en perspective avec de futures opportunités de collaborations scientifiques, de projets collaboratifs ou de contrats, en cours ou à venir.

5.2 Un bon bricoleur a toujours de bons outils

5.2.1 Outils logiciels

Le potentiel de l'outil Wiplan pour une modélisation rapide et réaliste des canaux indoor n'est, me semble-t-il, plus à démontrer. L'apport d'une analyse plus fine des prédictions grâce aux informations de *shadowing* et de *fading*, ainsi que l'approche large bande, permet d'utiliser cet outil de manière bien plus riche. Mais beaucoup de pistes restent encore à explorer. Bien sûr, une première chose, pragmatique, est d'implémenter ces approches directement dans le cœur du simulateur, alors que jusqu'à maintenant toute ces analyses se sont faites en post-traitement sous Matlab. Ce travail d'intégration est d'ores-et-déjà en cours. Au-delà, d'autres analyses peuvent être poursuivies : corrélation du *shadowing* pour des systèmes multi-antenne ou pour des approches de MIMO distribué, implémentation d'une évaluation des canaux MISO et MIMO, calcul des BER pour ces types de canaux, détermination des modulations et codages associés... Le principe même de la méthode MR-FDPF semble parfaitement adapté pour ces études, une cartographie des champs produits par chaque source indépendamment pouvant être calculée rapidement, et ainsi les caractéristiques de chaque canal ainsi que leur corrélation déterminé. De plus, le découpage entre post-process et calcul de propagation peut permettre de prédire des canaux pour de grands nombres de nœuds sans augmenter considérablement le temps de simulation. L'étude de réseaux à grande échelle serait donc particulièrement pertinente à l'aide de cet outil, de même que l'intégration de mobilité en déplaçant par exemple les sources dans l'environnement suivant un modèle de mobilité.

Une autre piste importante à mon sens est de faire évoluer la méthode d'étalonnage de ce simulateur. L'étalonnage qui avait été implanté se base uniquement sur une valeur moyenne de la puissance mesurée en certains points de l'environnement, comparée aux valeurs obtenues en simulation. Pour les simulations bande étroite il serait certainement plus performant (même si plus long) de se baser sur une distribution de ces valeurs dans une zone restreinte. Pour les simulations large bande, les variations fréquentielles de ces données seraient également intéressantes à considérer.

Les évolutions en 3D, intégrant la polarisation, ou même *outdoor*, sont aussi des voies importantes de développement, mais nécessitent une réflexion théorique amont (déjà initiée dans le cadre du postdoc de Dmitry Umansky) mais également une refonte très lourde du code de calcul. Ces chantiers ne pourront alors être engagés que si nous trouvons les ressources nécessaires à y consacrer. Pour les simulations *outdoor* le cas des transmissions véhicule à véhicule est particulièrement intéressant, et quelques premières études ont déjà été initiées. Malgré la grande taille de l'environnement, il est possible d'obtenir des résultats significatifs, d'une part en travaillant à une fausse fréquence (multiple de la longueur d'onde) [Roche07] et d'autre part en ne calculant que les propagations entre les liens à considérer et non pas dans tout l'environnement.

Enfin, le code de calcul MR-FDPF apparait un excellent candidat pour intégrer une couche PHY très réaliste dans des simulateurs réseaux. Dans le cadre du projet iPlan, une première implantation d'un cœur de calcul MR-FDPF a été proposée au sein de l'outil d'aide au déploiement iBuildnet [Ranpl]. Dans le même esprit, dans le cadre de l'ADT Mobsim, cette méthode est implémentée dans le simulateur NS3 [NS3] pour calculer l'atténuation des liens entre les nœuds radio. A terme, nous souhaitons également rendre disponible cette méthode au sein du simulateur WSNet. Mais au-delà, l'intérêt doit être de ne pas intégrer seulement la prédiction de couverture en puissance moyenne (ce qui est le cas actuellement) mais également les outils d'analyse des statistiques du canal, pour permettre une évaluation fine du type de canal, et donc une prédiction réaliste des BER ou PER à considérer pour chaque lien.

5.2.2 Outils matériels

Pour ce qui est des outils d'expérimentation, la perspective la plus alléchante est bien la très prochaine mise en place de la plateforme FIT-CorteXlab [FIT] sur le site de l'INSA de Lyon. Cette plateforme unique en son genre sera déployée dans une salle de 200 m² entièrement faradisée, et couverte (murs et plafond) d'absorbants électromagnétiques. Dans cet environnement maîtrisé et surtout reproductible, environ 80 nœuds radio vont être déployés, pour moitié de simples capteurs communicants à la couche PHY figée, mais l'autre moitié composée de nœuds SDR donc fortement reconfigurables. Particulièrement, tous ces nœuds radio SDR auront une interface RF flexible sur une large bande de fréquence, permettant l'utilisation de bandes très variées, et de largeur également paramétrable. De plus, une partie de ces nœuds seront intrinsèquement multi-antenne (jusqu'à 4 antennes), permettant d'obtenir un cadre d'expérimentation idéal des approches multi-*. Un tel outil d'expérimentation sera donc un atout majeur pour nos recherches autour des communications multi-*, permettant de faire cohabiter un grand nombre de communications dans des normes différentes, à des fréquences différentes et avec de multiples antennes. La prise en compte des couches MAC permettra également de tester les stratégies de relai multi-* que nous n'avons étudié jusqu'alors qu'en simulation.

Une première étape importante, dès que la mise en place complète de la plateforme aura eu lieu, sera d'implémenter un système de sondage de canal directement effectué par les nœuds SDR eux-mêmes. Ainsi, les nombreux canaux de connexion nœud à nœud dans cette salle pourront être caractérisés. Au-delà, pour pouvoir créer d'autres types de canaux en fonction des scénarios à évaluer, cet outil permettra d'optimiser le placement d'objets absorbants ou réflecteurs dans l'environnement de propagation. Ce sondage de canal doit faire l'objet d'une collaboration avec l'Université de Poitiers (équipe SIC du laboratoire Xlim).

Enfin, à terme, nous souhaitons aussi pouvoir remplacer les cartes RF existantes implantés dans les boîtiers SDR par nos propres front-ends basés sur des architectures innovantes, et également équiper ces boîtiers de systèmes de mesure de la consommation énergétique des différentes parties (analogiques et numériques, mais si possible avec une granularité plus fine encore).

5.3 Du côté des architectures

5.3.1 Métriques d'évaluation : sans maîtrise la puissance n'est rien

La performance est une chose, le coût en est une autre. Il apparaît donc un besoin d'évaluer ces systèmes hétérogènes avec d'autres critères : nombre de composants, coût des composants, encombrement, consommation (locale ou globale du réseau)... et donc de concevoir ces systèmes dans leur ensemble avec cette vision. L'évaluation que nous avons déjà menée en termes d'énergie par bit utile, avec une vision de bout en bout de la transmission, parait une approche pragmatique et cohérente pour ce genre de systèmes. Néanmoins, nous avons déjà vu que les résultats découlant de telles études sont extrêmement dépendants des choix faits sur les cibles matérielles, sur les scénarios et sur les canaux considérés. Des définitions de figures de mérite basées sur cette approche ou incluant d'autres paramètres (coût de réalisation, encombrement, densité de puissance induite à proximité des utilisateurs, etc...) seraient intéressantes à établir.

Dans notre étude sur les relais multi-* par exemple, nous avons supposé que les terminaux SDR pouvaient supporter en parallèle les fonctions numériques nécessaires aux différents standards, sur le même processeur. Qu'advient-il du comportement de tels terminaux avec d'autres architectures cibles, pouvant associer plusieurs ressources de calcul aux caractéristiques également très hétérogènes ? Sur une véritable architecture complexe, non seulement la consommation de chaque bloc peut être très différente, mais de plus il faut prendre en compte le coût des transferts de données entre ces blocs, ainsi que le coût des accès mémoires mis en œuvre. Pour cela, le contexte de l'équipe Inria SOCRATE que nous avons créée est particulièrement pertinent, car nous associons des spécialistes des communications radios, des spécialistes de l'optimisation des ressources, et des spécialistes des systèmes embarqués. Dans ce cadre par exemple, le projet BQR Price vise à associer ces compétences pour construire des modèles de consommation fins, à partir de mesures expérimentales sur des architectures cibles, afin de permettre à nos collègues des systèmes embarqués d'intégrer dans les processus implémentés une notion réaliste de coût de chaque opération (envoi de trame par exemple) aussi bien au niveau analogique que numérique. Au-delà, ces outils doivent permettre également à nos collègues plus haut niveau, de choisir les bonnes stratégies de réveil ou d'endormissement (partiel ou total) de nœuds dans un réseau. Une cible par exemple est de savoir déterminer précisément le gain apporté par l'extinction ou l'allumage de *femtocells* dans un réseau macro à large échelle.

5.3.2   Les verrous scientifiques

Il y a quelques années lors d'une conférence du domaine, Mischa Dohler avait organisé une table ronde au titre volontairement provocateur « *The PHY layer is dead* », se demandant par là-même si tout n'avait pas déjà été fait pour aller au bout de ce qu'il est possible d'améliorer sur un lien radio. Je m'autorise à croire que cela est loin d'être le cas, et que de nombreux challenges passionnants restent à relever. En voici donc quelques-uns que l'on peut souligner.

Green, green, green : là est le mot à la mode, certainement bien trop utilisé pour mettre en avant des projets, pourtant une meilleure gestion de l'énergie et plus globalement une meilleure intégration de l'impact énergétique dans la conception et l'adaptation des systèmes radio est vraiment un point essentiel. L'économie d'énergie est bien sûr déjà en soit un enjeu crucial, mais il n'y a pas que cela : des systèmes plus « verts » aident à une meilleure acceptation par le grand public de la multiplication des systèmes sans fil (un exemple évident étant dans le cadre des réseaux BAN : il est important que des nœuds radio placés à même le corps ou même dans le corps rayonnent le moins possible). De plus, la capacité des batteries n'augmente pas aussi vite que les besoins des applications, il faut donc trouver tous les moyens permettant de réduire la consommation sans impacter la qualité de service. Dans ce domaine, je donnerais deux voies principales d'investigation : les systèmes multi-* flexibles, et les systèmes de *Wake-up*. Par systèmes multi-* flexibles, j'entends le fait que ces systèmes à multiples degrés de liberté puissent choisir d'activer ou désactiver certaines branches de diversité, ou choisir une implémentation logicielle spécifique en fonction de l'environnement radio, pour garantir le meilleur compromis performance/consommation. On peut penser par exemple que pour une ressource finie de capacité de calcul commune au traitement de plusieurs modes de communication, des choix radicalement différents peuvent être faits suivant que l'on choisit par exemple un protocole basse consommation associé à plusieurs antennes et à un traitement algorithmique lourd, ou au contraire un standard haut débit plus intrinsèquement consommateur mais utilisant juste une voie de diversité et un taux de codage très faible.

Par rapport aux approches de *Wake-up*, nous avons déjà initié depuis quelques temps des travaux à ce sujet, notamment dans le cadre du projet FUI EconHome. L'objectif était de concevoir, dans le cadre de réseaux domestiques principalement basés sur une technologie WiFi, un système permettant de réveiller à distance les équipements sans fil qui ne sont utilisé que ponctuellement. De nombreux développements ont déjà été faits sur ces principes de *Wake-Up*, de systèmes complètement passifs à des systèmes actifs bien plus complexes. Le compromis étant alors toujours fait entre un système très économe mais provoquant de nombreux faux réveils et un système bien plus robuste mais bien moins économe. La piste que nous explorons est à priori un compromis prometteur : concevoir un système de réveil basé sur le même émetteur que le standard principal (ici de forme d'onde OFDM), mais en utilisant un gabarit fréquentiel particulier (basé sur des groupes de sous-porteuses éteintes ou allumées), permettant le design d'un récepteur de *Wake-Up* presque passif, ne réveillant l'architecture principal qu'après identification du bon gabarit fréquentiel [Hutu14].

Un autre challenge très motivant est celui des liaisons *full-duplex*. Nos premiers travaux dans le domaine sont très prometteurs. D'une part, les structures que nous testons actuellement en simulation dans la thèse de Zhaowu Zhan permettent d'obtenir de très bons comportements pour des transmissions OFDM, avec une suppression d'interférence adaptée à ce type de signaux dans la partie analogique (l'estimation étant faite en numérique). Mais également, en parallèle, le stage de Master de Wei Zhou nous a permis de démontrer la faisabilité d'une mise en œuvre de transmissions OFDM *full-duplex* basées sur des boîtiers SDR de type USRP [Wei14]. Ces boîtiers étant une des cibles qui sera déployée dans la plateforme FIT-CorteXlab, l'implémentation de communications *full-duplex* dans les scénarios large échelle proposés dans FIT sera un apport très riche d'enseignement pour ce domaine de recherche. De plus, ces travaux émergeants sur les transmissions *full-duplex* ont permis de démarrer des échanges scientifiques avec le laboratoire d'Andreas Burg à l'EPFL.

Du point de vue des architectures multi-* en elles-mêmes, beaucoup de pistes intéressantes peuvent aussi être explorées. Un premier point est que toutes nos études se sont principalement concentrées sur les récepteurs. Des méthodes de mutualisation des composants ou de sélection de voies évoluées restent à définir au niveau de ces émetteurs également. Egalement, la structure double IQ que nous avons proposée offre encore de nombreuses perspectives de développement. Peut-on étendre le principe à plus de deux bandes ? Peut-on associer deux bandes parfaitement contigües ? Toujours avec cette structure, pour réduire l'impact des ADC, peut-on associer le double IQ avec des techniques de sous-échantillonnage adaptatif (adapté en fonction des bandes et standards présents) ?

Plus globalement autour des architectures à radio logicielle, outre la question des parties analogiques flexibles, se posent des problèmes sur la dynamique de signaux très hétérogènes à recevoir, ainsi que de leur numérisation. Juste pour reprendre l'exemple de l'architecture développée dans la thèse de Ioan Burciu pour la combinaison UMTS-WiFi, on voit clairement sur la Figure 89 que de combiner des standards avec des contraintes de dynamique très différentes au sein d'un même récepteur induit obligatoirement un surdimensionnement des contraintes sur les différents composants de la chaîne. De même cela impacte aussi les structures en termes de PAPR.

Mais comme on a pu le voir déjà dans le cadre de cette thèse, l'ajout d'algorithmes de compensation peut permettre de réduire les contraintes sur les contrôles de gains nécessaires. Ce principe serait à pousser plus loin et à étendre plus globalement pour évaluer l'apport conjoint des degrés de libertés, c'est-à-dire les défauts engendrés par ces architectures en regard des gains que peuvent apporter la diversité d'information qu'elles permettent d'obtenir.

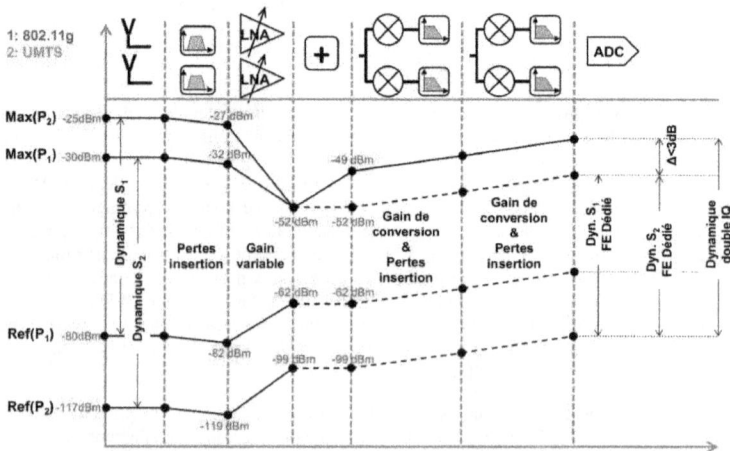

Figure 89.   *Evolution de la dynamique des signaux WiFi et UMTS dans l'architecture double IQ.*

Enfin, l'impact de ces architectures radio logicielles sur les contraintes de numérisation est aussi un point clé. Nous avons là aussi débuté une étude (encore en collaboration avec nos amis d'Orange labs), pour évaluer ces contraintes dans un contexte de réseaux urbains de relevés de capteurs communicants (compteurs d'eau, capteurs de pollution, etc...). Dans ce vaste cadre, où de nombreuses interfaces de communication coexistent (standardisées ou propriétaires), concevoir des passerelles de collecte des informations flexibles et évolutives est un enjeu majeur. Sur une hypothèse de radio logicielle, où l'on serait capable de numériser l'ensemble de la bande dédiée autour de 868 MHz, nous avons voulu évaluer le nombre de bits nécessaires à la quantification de plusieurs signaux cohabitant dans cette même bande, avec potentiellement des dynamiques très importantes. La Figure 90 présente un premier résultat de cette étude (théorique et en simulation), montrant ici que dans le pire cas d'un réseau de grande taille (type Smart Santander [Smart]), il serait alors nécessaire d'avoir recours à des ADC travaillant sur une vingtaine de bits, ce qui est à l'heure actuel prohibitif [Vall14]. Il reste donc à trouver les meilleurs compromis entre cette largeur de bande instantanée et le réalisme ou le coût d'une telle architecture.

Pour finir plus globalement sur les champs applicatifs, ces différents champs d'études peuvent s'appliquer dans de nouveaux domaines, autres que les domaines déjà évoqués de réseaux mobiles de téléphonie, de réseaux locaux, de *smallcells*, ou de réseaux de collecte. Dans le cadre de réseaux BAN, à la fois les architectures basse énergie, avec des fonctionnalités de *wake-up*, pourraient être d'un grand apport. Egalement, pour ces réseaux, lorsqu'ils sont connectés avec une passerelle extérieure, des techniques multi-mode seraient intéressantes pour faire le pont entre le réseau sur le corps lui-même et un réseau domestique par exemple. Nous orientons aussi désormais beaucoup de nos travaux vers le domaine véhiculaire. Dans le cadre des réseaux véhicule à véhicule ou véhicule à infrastructure, les communications multi-* ont aussi certainement de l'avenir. Au-delà, un champ d'application que nous n'avons à ce jour pas investi et qui serait d'un grand intérêt est le vaste domaine des *Smartgrids*. Là aussi, l'interconnexion de nombreux standards et la cohabitation de nombreuses communications justifieraient des études bien spécifiques.

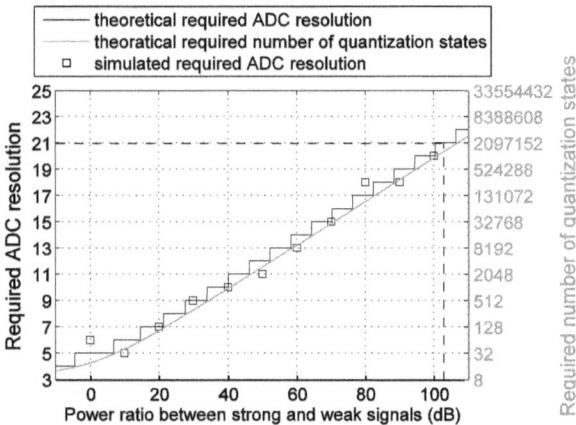

Figure 90.   Nombre de bits nécessaires à la numérisation de deux signaux concurrents de 200 kHz dans une bande totale de 8 MHz en fonction de leur rapport de puissance au récepteur.

6. Bibliographie

[3GPP] 3GPP TR 25.996 V10.0.0 (2011-03)

[Agil] http://www.home.agilent.com/

[Alau07] L. ALAUS, G. VILLEMAUD, P.F. MORLAT, J.M. GORCE, "Preamble Detection Methods in a Multi-Antenna, Multi-Standards Software Defined Radio Architecture", EUCAP 2007, Edinburgh, nov 2007.

[Aloui98] M.S. Alouini and M.K. Simon. Multichannel reception of digital signals over correlated nakagami fading channels. In Proceedings of the Annual Allerton Conference on Communication Control and Computing, volume 36, pages 146-155. Citeseer, 1998.

[Ana07] Anand Kashyap, Samrat Ganguly and Samir Das, "A Measurement-Based Approach to Modeling Link Capacity in 802.11-based Wireless Networks", Proceedings of ACM MOBICOM, Montreal, September 2007.

[Andr05] J. G. Andrews, "Interference Cancellation for Cellular Systems : a Contemporary Overview," IEEE Wireless Communications, vol. 12, no. 2, pp. 19–29, Apr. 2005.

[Aria10] M. Ariaudo, "Dirty RF pour les systèmes de communication", Habilitation à diriger des recherches, Univ. De Cergy Pontoise, Nov. 2010.

[Arsl00] H. Arslan, S. C. Gupta, G. E. Bottomley, and S. Chennakeshu, "New Approaches to Adjacent Channel Interference Suppression in FDMA/TDMA Mobile Radio Systems," IEEE Transactions on Vehicular Technology, vol. 49, no. 4, pp. 1126–1139, July 2000.

[Bell63] P. A. Bello, "Characterization of randomly time-variant linear channels", IEEE Trans., vol. CS-11, no. 4, pp 360-393, December 1963.

[Bla98] Blackman, C. (1998). "Telecommunication Policy". Convergence between telecommunications and other media 22 (Elsevier Science Ltd.): 163–170. Retrieved 22 September 2011.

[Bott98] G. E. Bottomley and S. Chennakeshu, "Unification of MLSE Receivers and Extension to Time-Varying Channels," IEEE Transactions on Communications, vol. 46, no. 4, pp. 464–472, Apr. 1998.

[Burc08] I. BURCIU, G. VILLEMAUD, J. VERDIER, M. GAUTIER, "A Multistandard Simultaneous Reception Front-End Architecture" COST2100, Lille, October 2008.

[Burc09] BURCIU I., VILLEMAUD G., VERDIER J., " Multiband Simultaneous Reception Front-End with Adaptive Mismatches Correction Algorithm", IEEE Personal, Indoor and Mobile Radio Communications Symposium 2009, Tokyo, Japan, Sept 2009.

[Burc09] I.BURCIU, J. VERDIER, G. VILLEMAUD, "Low Power Multistandard Simultaneous Reception Architecture" in Proceedings of the 12th European Wireless Technology Conference 2009 (EuWiT'09), Rome, Italy, 28-29 September 2009.

[Burc09-2] I. BURCIU, G. VILLEMAUD, J. VERDIER, M. GAUTIER, "A 802.11g and UMTS Simultaneous Reception Front-End Architecture using a double IQ structure", In IEEE Vehicular Technology Conference (VTC09-Spring), Barcelona, Spain, 26-29 april 2009.

[Burc09-3] I. BURCIU, G. VILLEMAUD, J. VERDIER, M. GAUTIER, "Candidate Architecture for MIMO LTE-Advanced Receivers with Multiple Channels Capabilities and Reduced Complexity and Cost", COST2100, Valencia, Spain, May 2009.

[Burc09-4] I.BURCIU, G. VILLEMAUD, J. VERDIER, "Architecture de front-end multistandard à réception simultanée" 16èmes Journées Nationales Microondes (JNM 09), Grenoble, 27-29 mai 2009.

[Burc10] I. BURCIU, M. GAUTIER, G. VILLEMAUD, J. VERDIER, "Method for Processing Two Signals Received by a Single Terminal" WO/2010/031944, March 2010.

[Burc10-1] BURCIU I., VILLEMAUD G., VERDIER J., "Candidate Architecture for MIMO LTE-Advanced Receivers with Multiple Channels Capabilities and Reduced Complexity and Cost", in COST2100 Management Meeting, TD(10)10045, Athens, Greece, February 2010.

[Burc10-2] BURCIU I., "Architecture de récepteurs radiofréquences dédiés au traitement bibande simultané", PhD thesis, INSA Lyon, May 2010.

[Burc11] I. BURCIU, G. VILLEMAUD, J. VERDIER, M. GAUTIER, "Low Power Front-End Architecture dedicated to the Multistandard Simultaneous Reception", International Journal of Microwave and Wireless Technologies, Volume 2, Issue 6, pp 505-514, Jan 2011.

[Burc11-2] I. BURCIU, M. GAUTIER, G. VILLEMAUD AND J. VERDIER, "Candidate Architecture for MIMO LTE-Advanced Receivers with Multiple Channels Capabilities and Reduced Complexity and Cost", IEEE Radio and Wireless Symposium (RWS) 2011, Phoenix, USA, Jan. 2011.

[Burr12] A. BURR, I. BURCIU, P. CHAMBERS,T. JAVORNIK, K. KANSANEN, J. OLMOS, C. PIETSCH, J. SYKORA, W. TEICH, G. VILLEMAUD, "MIMO and Next Generation Systems", included in "Pervasive Mobile and Ambient Wireless Communications", Ed. Springer, 2012.

[Card12] L. S. CARDOSO, G. VILLEMAUD, T. RISSET, J.-M. GORCE," CorteXlab: A Large Scale Testbed for Physical Layer in Cognitive Radio Networks", in IC1004 Meeting, Lyon, France, May 2012.

[Chel07] G. CHELIUS, O. BREVET, E. FLEURY, A. FRABOULET, G. VILLEMAUD, "Capnet : réseaux de capteurs et graphes d'interactions", Lettre Techniques de l'Ingénieur – Réseaux sans fil, n° 7, may 2007.

[Chel08] G. Chelius, A. Fraboulet et E. Ben Hamida, "WSNet – An event-driven simulator for large scale wireless sensor networks", 2008.

[Chel09] Elyes Ben Hamida, Guillaume Chelius, Jean-Marie Gorce, Impact of the Physical Layer Modeling on the Accuracy and Scalability of Wireless Network Simulation, To appear in SCS SIMULATION: Transactions of The Society for Modeling and Simulation International. Accepted 2009

[Choi10] J. Choi, M. Jain, K. Srinivasan, P. Levis, and S. Katti. "Achieving single channel, full duplex wireless communication". In Proceedings of ACM MobiCom, Sep 2010.

[Choi10-2] J. I. Choi, M. Jain, K. Srinivasan, P. Levis, and S. Katti, "Achieving Single Channel, Full Duplex Wireless Communications," in ACM MOBICOM, 2010.

[Chop97] B. Chopard, P. Luthi, and J. Wagen, "A lattice boltzmann method for wave propagation in urban microcells", in IEEE Proceedings - Microwaves, Antennas and Propagation, vol. 144, 1997, pp. 251–255.

[COST2100] R. Verdone, A. Zanella, "Pervasive Mobile and Ambient Wireless Communications", Ed. Springer, 2012.

[COST231] European Cooperative in the Field of Science and TechnicalResearch EURO-COST 231, "Urban transmission loss models for mobile radio in the 900- and 1,800 MHz bands (Revision 2)," COST 231 TD(90)119 Rev. 2, The Hague, The Netherlands, September 1991, available at http://www.lx.it.pt/cost231/final_report.htm

[COST259] A. Molisch, H. Asplund, R. Heddergott, M. Steinbauer, and T. Zwick, "The COST 259 directional channel model-part I: Overview and methodology," IEEE Trans. on Wireless Communications, vol. 5, no. 12, pp. 3421 –3433, Dec. 2006.

[COST273] L. Correia, "COST 273 - Towards mobile broadband multimedia networks", Ed. Elsevier, London, UK, 2006.

[Costa01] A. N. Costa and S. Hayking, "Multiple-Input Multiple-Output Channel Models: Theory and Practice", Ed. Wiley, 2001.

[Craig91] J. Craig. A new, simple and exact result for calculating the probability of error for two dimensional signal constellations. In IEEE MILCOM, November 1991.

[Czi08] N. Czink, B. Bandemer, G. Vazquez-Vilar, A. Paulraj, and L. Jalloul. July 2008 radio measurement campaign: Measurement documentation. Technical report, Stanford University, Smart Antennas Research Group, July 2008.

[Dag86] R.B. D'Agostino and M.A. Stephens. Goodness-of-t techniques, volume 68. Marcel Dekker, New York, 1986.

[Decr02] C. DECROZE, G. VILLEMAUD, F. TORRES, B. JECKO, "Single Feed Dual Mode Wire Patch Antenna ", IEEE Antennas and Propagation Symposium, San Antonio, june 2002.

[Decr02-2] C. DECROZE, G. VILLEMAUD, F. TORRES, B. JECKO, B. ZIELINSKA, G. PICARD, J. GREBMEIER, S. PETIHOMME, " Integrated Coplanar Antennas for Short Range Link at 868 MHZ ", IEEE Antennas and Propagation Symposium, San Antonio, june 2002.

[Decr02-3] C. DECROZE, G. VILLEMAUD, F. TORRES, B. JECKO, B. ZIELINSKA, G. PICARD, J. GREBMEIER, S. PETIHOMME, " Study of Integrated Antennas in a Compact Module for Wireless Metering ", European Conference on Wireless Technology, Milan, september 2002.

[Dini05] R. Dinis, D. Falconer, and B. Ng, "Iterative Frequency Domain Equalizers for Adjacent Channel Interference Suppression," in Global Telecommunications Conference, 2005. GLOBECOM '05. IEEE, vol. 6, Nov./Dec. 2005.

[Dohl03] M. Dohler, "Virtual Antenna Arrays", PhD Thesis, University of London, Nov. 2003.

[Duarte12] M. Duarte, A. Sabharwal, V. Aggarwal, R. Jana, K. Ramakrishnan, C. Rice, and N. Shankaranarayanan, "Design and Characterization of a Full-duplex Multi-antenna System for WiFi Networks," arXiv preprint arXiv:1210.1639, 2012.

[Erce01] V. Erceg, et al, "Channel Models for Fixed Wireless Applications," IEEE 802.16.3c-01/29r4, July 2001, available at www.ieee802.org/16/tg3/contrib/802163c-01_29r4.pdf

[Erce99] V. Erceg et. al, "An empirically based path loss model for wireless channels in suburban environments," IEEE JSAC, vol. 17, no. 7, July 1999, pp. 1Chel08-1211.

[Fet13] G. Fettweis, "The Limits of 4G and How to Design a New 5G PHY", IEEE Communication Theory Workshop (CTW 2013), Phuket, June 2013.

[FIT] http://www.cortexlab.fr/

[Fleu99] B.H. Fleury, M. Tschudin, R. Heddergott, D. Dahlhaus, and K. Ingeman Pedersen. "Channel parameter estimation in mobile radio environments using the sage algorithm". Selected Areas in Communications, IEEE Journal on, 17(3):434-450, March 1999.

[Gall06] X. GALLON, G. VILLEMAUD, "Mesures du canal à 2.4 GHz- Complément", T0+18 Report CRE France Télécom R&D – Inria 1044, april 2006.

[Gall06-2] X. GALLON, G. VILLEMAUD, "Mesures du canal à 2.4 GHz", T0+12 Report CRE France Télécom R&D – Inria 1044, april 2006.

[Garc12] V. Garcia, "Optimisation du partage de ressources pour les réseaux cellulaires auto-organisés", PhD Thesis, INSA Lyon, March 2012.

[Gaut09] M. GAUTIER, G. VILLEMAUD, "Low complexity antenna diversity front-end: Use of code multiplexing", in Proceedings of IEEE Wireless Communication and Networking Conference (WCNC09), April 2009

[Gaut09-2] M. GAUTIER, I. BURCIU, G. VILLEMAUD, "New antenna diversity front-end using code multiplexing", in Proceedings of European Conference on Antennas and Propagation (EuCAP09), March 2009.

[Gaut09-3] M. GAUTIER, P.F. MORLAT, G. VILLEMAUD, "IQ imbalance reduction in a SMI multi-antenna receiver by using a code multiplexing front-end", In IEEE Vehicular Technology Conference (VTC09-Spring), Barcelona, Spain, 26-29 april 2009.

[Gaut09-4] M. GAUTIER, I. BURCIU, G. VILLEMAUD, "Analyse du PAPR pour un récepteur multi-antennes à multiplexage par code", 22ème colloque GRETSI sur le traitement du signal et des images, Dijon, 8-11 septembre 2009.

[Gaut09-5] M. GAUTIER, I. BURCIU, G. VILLEMAUD, "Frontal d'un récepteur à diversité d'antenne", 16èmes Journées Nationales Microondes (JNM 09), Grenoble, 27-29 mai 2009.

[Gaut09-6] M. GAUTIER, G. VILLEMAUD, "Etude de Récepteurs Multi-* à de Radio logicielle", T0+6 Report CRE France Télécom R&D – Inria 3421, april 2009.

[Gaut11] M. GAUTIER, G. VILLEMAUD, C. LÉVY-BENCHETON, D. NOGUET and T. RISSET, "Cross-layer design and digital front-end for cognitive wireless link", included in "Digital front-end in wireless communication and broadcasting: circuits and signal processing", Ed. Cambridge, Sept. 2011.

[Gaut11-2] M. GAUTIER, G. VILLEMAUD, I. BURCIU, "The Multi-antenna Code Multiplexing Front-end: Theory and Performance", International Journal of Microwave and Wireless Technologies, Volume 2, Issue 6, pp 515-522, Jan 2011.

[Glomo2] http://pcl.cs.ucla.edu/projects/glomosim/

[Glomosim] Zeng, X., Bagrodia, R., and Gerla, M., "GloMoSim: A Library for Parallel Simulation of Large-ScaleWireless Networks", The 12th Workshop on Parallel and Distributed Simulations 1998.

[Gorc07] J-M. Gorce, K. Jaffres-Runser, and G. De La Roche, "Deterministic approach for fast simulations of indoor radio wave propagation", IEEE Transactions on Antennas and Propagation, 55:938–942, March 2007.

[Gorc09] J.-M. GORCE, G. VILLEMAUD, P. MARY, "Couche Physique et Antennes", inclus dans "Réseaux de capteurs : théorie et modélisation", Ed. Hermès, May 2009.

[Gorc09-1] J.-M. GORCE, C. GOURSAUD, C. SAVIGNY, G. VILLEMAUD, R. D'ERRICO, F. DEHMAS, M. MAMAN, L. OUVRY, B. MISCOPEIN, AND J. SCHWOERER, "Cooperation mechanisms in BANs," in COST2100, 8TH management meeting, Valencia, Spain, May 2009.

[Gorc09-2] J.M. GORCE, C. GOURSAUD, G. VILLEMAUD, R. D'ERRICO, L. OUVRY, "Opportunistic relaying protocols for human monitoring in BAN", PIMRC 2009, Tokyo, sept. 2009.

[Gorc10] GORCE J.-M., VILLEMAUD G., FLIPO P., «On Simulating Propagation for OFDM/MIMO Systems with the MR-FDPF Model», in European Conference on Antennas and Propagation (EuCAP 2010), Barcelona, Spain, April 2010.

[Green60] J. Greenwood and D. Durand, "Aids for fitting the gamma distribution by maximum likelihood", Technometrics, vol. 2, no. 1, pp. 55–65, 1960.

[Groe01] J.B. Groe et L.E. Larson "CDMA Mobile Radio Design", Artech House, 2001.

[Hari00] K.V. S. Hari, K.P. Sheikh, and C. Bushue, "Interim channel models for G2 MMDS fixed wireless applications," IEEE 802.16.3c-00/49r2, November 15, 2000, available at www.ieee802.org/16/tg3/contrib/802163c-00_49r2.pdf

[Hata80] M. Hata, "Empirical formula for propagation kiss ub kabd nibuke radui services," IEEE Trans. Veh. Tech., pp. 317-25, August 1980.

[Hutu12] F. HUTU, J. VERDIER, G. VILLEMAUD, B. ALLARD, "Mise en place d'une plate-forme de radiocommunications", 12èmes journées du CNFM, Saint Malo, november 2012.

[Hutu14] F. HUTU, A. KHOUMERI, G. VILLEMAUD, J.M. GORCE, "Wake-up radio architecture for home wireless networks", IEEE Radio and Wireless Symposium (RWS) 2014, Newport Beach, Jan. 2014.

[Ike84] F. Ikegami, S. Yoshida, T. Takeuchi, and M. Umehira, "Propagation factors controlling mean field strength on urban streets", IEEE Trans. on Antennas Propagation, vol. 32, no. 8, pp. 822-829, Aug. 1984.

[Jain11] M. Jain, J. Choi, T. Kim, D. Bharadia, K. Srinivasan, P. Levis, S. Katti, P. Sinha, S. Seth, "Practical Real-Time Full Duplex Wireless", In ACM MOBICOM, 2011.

[Jeck02] B. JECKO - F. TORRES - G. VILLEMAUD, "Omnidirectionnal resonant antenna", International Patent n° WO 02/101877, Published 2002-12-19.

[Kari05] H. R. Karimi and A. M. Kuzminskiy, "The Impact of Interference Cancellation on the Uplink Throughput of WLAN With CSMA/CA," in Global Telecommunications Conference, 2005. GLOBECOM '05. IEEE, vol. 5, Nov./Dec. 2005.

[Khou12] A. KHOUMERI, F. HUTU, G. VILLEMAUD, J.-M. GORCE, "Wake up radio architecture for wireless sensor networks", in IC1004 Meeting, Lyon, France, May 2012.

[Khou13] A. KHOUMERI, F. HUTU, G. VILLEMAUD, J.M. GORCE, "Proposition d'une architecture de réveil radio utilisée dans le contexte des réseaux multimédia domestiques", 18èmes Journées Nationales Microondes, Paris, may 2013.

[Lai13] Z. LAI, G. VILLEMAUD, M. LUO, J. ZHANG, "Radio Propagation Modeling", included in "Heterogeneous Cellular Networks: Theory, Simulation and Deployment", Ed. Cambridge, July 2013.

[Last97] Laster J.D, Reed J.H, "Interference Rejection in Digital Wireless Communications", IEEE Signal Processing Magazine, vol. 14, Issue: 3, May 1997 pp. 37-62.

[Levy09] C. LÉVY-BENCHETON, G. VILLEMAUD,, "Power Consumption Optimization in Multi-mode Mobile Relay," in Proceedings of the 12th European Wireless Technology Conference 2009 (EuWiT'09), Rome, Italy, 28-29 September 2009.

[Levy09-2] C. LÉVY-BENCHETON, G. VILLEMAUD, "Optimisation de la Consommation dans les Relais Mobiles Multi-modes", 10èmes Journées Doctorales en Informatique et Réseau (JDIR'09), Belfort, France, 2-4 Février 2009.

[Levy10] C. LEVY-BENCHETON, D. AMMAR, G. VILLEMAUD, T. RISSET, C. REBOUL, "Multi-mode relaying for energy consumption reduction"Rapport Inria N° 7245, octobre 2010.

[Levy11] C. LEVY-BENCHETON, D. AMMAR, G. VILLEMAUD, T. RISSET, C. REBOUL, "Multi-mode relaying for energy consumption reduction", in Annals of Telecommunications, en revision.

[Levy11-2] C. LÉVY-BENCHETON, G. VILLEMAUD, T. RISSET, «Toward an energy reduction in mobile relays: combining MIMO and multi-mode», IFIP Wireless Days 2011, Niagara Falls, Canada, Oct. 2011.

[Levy11-3] C. LÉVY-BENCHETON, D. AMMAR, G. VILLEMAUD, T. RISSET, "Multi-mode relay simulations: an energy evaluation on WSNet", IEEE Radio and Wireless Symposium (RWS) 2011, Phoenix, USA, Jan. 2011.

[Levy11-4] LEVY-BENCHETON C., "Étude de relais multi-mode sous contrainte d'énergie dans un contexte de radio logicielle". PhD thesis, INSA Lyon, June 2011.

[Lu99] J. Lu, K. Letaief, J. Chuang, and M. Liou, "M-PSK and M-QAM BER computation using signal-space concepts," IEEE Transactions on Communications, vol. 47, no. 2, pp. 181–184, 1999.

[Luo11] M. LUO, G. DE LA ROCHE, G. VILLEMAUD, J. M. GORCE, D. UMANSKY, J. ZHANG, «Simulation of Wide Band Multipath Fast Fading Based on Finite Difference Method», IEEE Vehicular Technology Conference 2011, San Francisco, USA, Sept. 2011.

[Luo11-2] LUO M., UMANSKY D., VILLEMAUD G., LAFORT M., GORCE J.-M., «Estimating channel fading statistics based on radio wave propagation predicted with deterministic MRFDPF method», European Conference on Antennas and Propagation 2011, Rome, Italy, April 2011.

[Luo11-3] M. LUO, D. UMANSKY, G. VILLEMAUD, J-M. GORCE, "The Prediction of Small Scale Fading in Radio Propagation Based on the MR-FDPF Method", D1.2 Progress Report, iPlan project, April 2011.

[Luo12] M. LUO, G. VILLEMAUD, J.M. GORCE, J. ZHANG, "Realistic Prediction of BER and AMC for Indoor Wireless Transmissions", IEEE Antennas and Wireless Propagation letters, vol. 11, pp. 1084-1087, 2012.

[Luo12-2] M. LUO, N. LEBEDEV, G. VILLEMAUD, G. DE LA ROCHE, J. ZHANG, J.M. GORCE, "On Predicting Large Scale Fading Characteristics with the MR-FDPF Method", in European Conference on Antennas and Propagation (EuCAP 2012), Prague, Czech Republic, March 2012.

[Luo12-3] M. LUO, N. LEBEDEV, G. VILLEMAUD, G. DE LA ROCHE, J. ZHANG, J.M. GORCE, "On Predicting Large Scale Fading Characteristics with a Finite Difference Method", in IC1004 Meeting, Barcelona, Spain, February 2012.

[Luo13] M. LUO, G. VILLEMAUD, J.M. GORCE, J. ZHANG, "Realistic Prediction of BER for adaptive OFDM systems", European Conference on Antennas and Propagation (EuCAP 2013), Gothenburg, April 2013.

[Luo13-2] M. LUO, G. VILLEMAUD, J. WENG, J.M. GORCE, J. ZHANG, "Realistic Prediction of BER and AMC with MRC Diversity for Indoor Wireless Transmissions", IEEE Wireless Communication and Networking Conference (WCNC2013), Shanghai, April 2013.

[Luo13-3] LUO M., "Fast and accurate radio propagation models for radio network planning", PhD thesis, INSA Lyon, July 2013.

[Luth98] P.O. Luthi. "Lattice Wave Automata: from radio wave to fracture propagation", PhD thesis, Computer Science Department, University of Geneva, 1998.

[Mary07] P. MARY, J.M. GORCE, G. VILLEMAUD, M. DOHLER, M. ARNDT, "Reduced Complexity MUD-MLSE Receiver for Partially-Overlapping WLAN-Like Interference", IEEE VTC Spring 2007, Dublin, april 2007.

[Mary07] P. MARY, M. DOHLER, J.M. GORCE, G. VILLEMAUD, M. ARNDT, "BPSK Bit Error Outage over Nakagami-m Fading Channels in Lognormal Shadowing Environments", IEEE Communications Letters, volume 11 number 7, july 2007.

[Mary07-2] P. MARY, J.M. GORCE, G. VILLEMAUD, M. DOHLER, M. ARNDT, "Performance Analysis of Mitigated Asynchronous Spectrally-Overlapping WLAN Interference", WCNC 2007, Hong Kong, march 2007.

[Mary07-3] P. MARY, J.M. GORCE, G. VILLEMAUD, M. DOHLER, M. ARNDT, "Estimation du taux de coupure d'une liaison radio MIMO dans un canal de Nakagami avec effet de masque", in Proc. GRETSI'07, Troyes, France, 2007.

[Mary08] MARY P., "Etude analytique des performances des systèmes radio-mobiles en présence d'évanouissements et d'effet de masque". PhD thesis, INSA Lyon, Feb. 2008.

[Mary09] P. MARY, M. DOHLER, J.M. GORCE, G. VILLEMAUD, M. ARNDT, "M-ary Symbol Error Outage Over Nakagami-m Fading Channels in Shadowing Environments", Communications, IEEE Transactions on , vol.57, no.10, pp.2876-2879, October 2009.

[Mary09-2] P. MARY, M. DOHLER, J.-M. GORCE, G. VILLEMAUD, "Symbol Error Outage for Spatial Multiplexing Systems in Rayleigh Fading Channel and Lognormal Shadowing", IEEE Spawc 2009, Perugia, Italy, June 2009.

[Mary11] P. MARY, M. DOHLER, J.-M. GORCE, G. VILLEMAUD, "Symbol Error Outage Analysis of MIMO OSTBC Systems over Rice Fading Channels in Shadowing Environments", IEEE Trans. on Wireless Comm., Vol. 10, No. 4, Apr. 2011, pp. 1009 - 1014.

[Mary13] P. MARY, M. DOHLER, J.M. GORCE, G. VILLEMAUD, "Packet Error Outage for Coded Systems Experiencing Fading and Shadowing", IEEE Trans on Wireless comm., Vol. 12, N°. 2, February 2013.

[McK91] J. McKnown and R. Hamilton, "Ray tracing as design tool for radio networks", IEEE Network Magazine, vol. 5, pp. 27–30, November 1991.

[Mey00] C. Meyer. "Matrix analysis and applied linear algebra book and solutions manual", volume 2. Society for Industrial and Applied Mathematics, 2000.

[Mito95] J. Mitola, "The software radio architecture", IEEE Communication Magazine, p. 26-38, 1995.

[Mol11] A.F. Molisch. Wireless communications, John Wiley & Sons, New York, NY, USA, 2011.

[Morl06] P.F. MORLAT, G. VILLEMAUD, P. MARY, J.M. GORCE, M. ARNDT, "Performance validation of a multi-standard and multi-antenna receiver", EUCAP 2006, Nice, nov 2006.

[Morl06-2] P.F. MORLAT, J.C. NUNEZ-PEREZ, G. VILLEMAUD, J. VERDIER, J.M. GORCE, "On the Compensation of RF Impairments with Multiple Antennas in SIMO-OFDM Systems", IEEE VTC Fall 2006, Montréal, sept 2006.

[Morl06-3] P.F. MORLAT, H. PARVERY, G. VILLEMAUD, J. VERDIER, J.M. GORCE, "Global System Evaluation Scheme for Multiple Antennas Adaptive Receivers", European Conference on Wireless Technologies, Manchester, sept2006.

[Morl06-4] P.F. MORLAT, G. VILLEMAUD, "Effet d'un traitement multi-antenne sur les défauts RF d'un récepteur OFDM", JNRDM 2006, Rennes, mai 2006.

[Morl06-5] P.F. MORLAT, X. GALLON, G. VILLEMAUD, "Validation sur une voie de mesure", T0+18 Report CRE France Télécom R&D – Inria 1044, october 2006.

[Morl06-6] P.F. MORLAT, G. VILLEMAUD, "Démonstrateur logiciel", T0+12 Report CRE France Télécom R&D – Inria 1044, april 2006.

[Morl07] P.F. MORLAT, X. GALLON, G. VILLEMAUD, "Measured Performances of a SIMO Multi-Standard Receiver", EUCAP 2007, Edinburgh, nov 2007.

[Morl07-2] P.F. MORLAT, X. GALLON, G. VILLEMAUD, J.M. GORCE, "Validation par la mesure des performances d'algorithmes SIMO appliqués aux récepteurs multi-standards", 15èmes Journées Nationales Microondes, Toulouse, may 2007.

[Morl07-3] P.F. MORLAT, X. GALLON, G. VILLEMAUD, "Validation sur deux voies de mesure", T0+24 Report CRE France Télécom R&D – Inria 1044, may 2007.

[Morl08] P.F. MORLAT, A. LUNA, X. GALLON, G. VILLEMAUD, J.M. GORCE , "Structure and Implementation of a SIMO Multi-Standard Multichannel SDR Receiver", IEEE Radio and Wireless Symposium, jan 2008.

[Morl08-2] P.F. MORLAT, G. VILLEMAUD, J. VERDIER, J.M. GORCE, "On relaxing constraints on multi-branch RF front-end for a SIMO OFDM receiver – A global system evaluation scheme", COST2100, Lille, October 2008.

[Morl08-3] P.-F. MORLAT, G. VILLEMAUD, P. MARY, "Récepteur multi-antennes multi-modes à radio logicielle", Final Report CRE FTR&D - INSA Lyon, June 2008.

[Morl08-4] MORLAT P.F., "Evaluation globale des performances d'un récepteur multi-antennes, multi-standards et multi-canaux", PhD thesis, INSA Lyon, Dec. 2008.

[Mort96] D.L Mortensen "RF receiver AGC incorporating time domain equalizer circuity", US Patent 5509030, 1996.

[Mos96] S. Moshavi, "Multi-User Detection for DS-CDMA Communications,"IEEE Communications Magazine, vol. 34, no. 10, pp. 124–136, Oct. 1996.

[Moy08] C. Moy, "Evolution de la conception radio: de la radio logicielle à la radio intelligente", Habilitation à diriger des recherches, octobre 2008.

[Ns2] http://www.isi.edu/nsnam/ns/

[NS3] http://www.nsnam.org/

[Nun07] J.C. NUNEZ-PEREZ, P.F. MORLAT, J. VERDIER, G. VILLEMAUD, C. GONTRAND, "Influence des limitations RF sur les performances d'un récepteur SIMO-OFDM pour systèmes WIFI 802.11g. Application à la conception globale de systèmes de radiocommunications multi-antennes et multi-normes", 15èmes Journées Nationales Microondes, Toulouse, may 2007.

[Oest11] C. Oestges, "Multi-Link Propagation Modeling for Beyond Next Generation Wireless", Loughborough Antennas & Propagation Conference, Loughborough, UK, Nov 2011.

[Okum68] T. Okumura, E. Ohmore, and K. Fukuda, "Field strength and its variability in VHFand UHF land mobile service," Rev. Elec. Commun. Lab., pp. 825-73, September-October 1968.

[Oppe02] I. Oppermann, "Extending the Scope of 802.11 WLAN Through LMMSE CDMA Receiver Structures," in Personal, Indoor and Mobile Radio Communications, 2002. The 13th IEEE International Symposium on, vol. 2, Sept. 2002, pp. 864–868.

[Pars00] J.D. Parsons. The mobile radio propagation channel, volume 81. Wiley Online Library, 2000.

[Peir09] Sensitivity of the MIMO Channel Characterization to the Modeling of the Environment Pereira C., Pousset Y., Vauzelle R., Combeau P. IEEE Transactions on Antennas and Propagation (2009)

[Pere09] J. PEREZ, J. VERDIER, G. VILLEMAUD J.M. GORCE, "Global system approach to validate a wireless system even with a multi-antennas receiver structure" in 52nd IEEE International Midwest Symposium on Circuits and Systems, Cancun, Mexico, August 2-5, 2009.

[Pout11] J. Poutanen, "Geometry-based radio channel modeling: Propagation analysis and concept development", PhD thesis, Aalto University, 2011.

[Prim12] S.L. Primak, V. Kontorovich, "Wireless Multi-Antenna Channels: Modeling and Simulation", Ed. Wiley, 2012.

[Ranpl] http://www.ranplan.co.uk/

[Roche05] G. De La Roche, R. Rebeyrotte, K. Runser, and J-M. Gorce. A new strategy for indoor propagation fast computation with MR-FDPF algorithm. In IASTED International Conference on Antennas, Radar and Wave Propagation, no 475115, Ban, Canada, July 2005.

[Roche06] G. DE LA ROCHE, X. GALLON, J.M. GORCE, G. VILLEMAUD, "A 2.5D extension of Frequency Domain ParFlow Method for 802.11b/g propagation simulation in multifloored buildings". IEEE VTC Fall 2006, Montréal, sept 2006.

[Roche06-2] G. DE LA ROCHE, K. JAFFRES-RUNSER, J.M. GORCE, G. VILLEMAUD, "The Adaptive Multi-Resolution Frequency-Domain ParFlow AR-MDPF method for 2D Indoor radio wave propagation simulation. part II : Calibration and experimental assessment", Technical report, Inria, Nov 2006.

[Roche07] G. DE LA ROCHE, G. VILLEMAUD, J.M. GORCE, "Efficient Finite Difference Method for Simulating Radio Propagation in Dense Urban Environments", EUCAP 2007, Edinburgh, nov 2007.

[Roche07-2] G. DE LA ROCHE, X. GALLON, J.M. GORCE, G. VILLEMAUD, "On predicting Fast Fading Strength from indoor 802.11 Simulations", ICEAA 2007, Torino, Italy, sept, 2007.

[Roche07-3] G. DE LA ROCHE, G. VILLEMAUD, J.M. GORCE, "Evaluation de performances de systèmes SISO-MIMO pour réseaux de capteurs par simulation du canal radio indoor", Worshop IRAMUS, Val Thorens, january 2007.

[Roche10] G. DE LA ROCHE, P. FLIPO, Z. LAI, G. VILLEMAUD, J. ZHANG, and J.M. GORCE, "Implementation and Validation of a New Combined Model for Outdoor to Indoor Radio Coverage Predictions," EURASIP Journal on Wireless Communications and Networking, vol. 2010, Article ID 215352, 9 pages, Aug 2010.

[Roche10-2] G. DE LA ROCHE, P. FLIPO, Z. LAI, G. VILLEMAUD, J. ZHANG, AND J-M GORCE, « Combination of Geometric and Finite Difference Models for Radio Wave Propagation in Outdoor to Indoor Scenarios", in European Conference on Antennas and Propagation (EuCAP 2010), Barcelona, Spain, April 2010.

[Roche10-3] G. DE LA ROCHE, P. FLIPO, Z. LAI, G. VILLEMAUD, J. ZHANG, J-M GORCE, "Combined Model for Outdoor to Indoor Radio Propagation", in COST2100 Management Meeting, Athens, Greece, February 2010.

[Roche11] DE LA ROCHE G., WAGEN J.-F., VILLEMAUD G., GORCE J.-M., ZHANG J., «Comparison between Two Implementations of ParFlow for Simulating Femtocell Networks», International Conference on Computer Communications and Networks 2011, Maui, Hawaii, August 2011.

[Roche11-2] G. DE LA ROCHE, D. UMANSKY, Z. LAI, G. VILLEMAUD, J-M. GORCE, AND J. ZHANG, "Antenna Height Compensation for an Indoor to Outdoor Channel model based on a 2D Finite Difference Model", in 29th Progress In Electromagnetics Research Symposium (PIERS), Marrakesh, Morocco, March 2011.

[Roche12] G. De la Roche, "Multi Standard Small Cells: Combination of 3G/4G and Wifi", 6th Small Cell and HetNetWorshop, Small Cell World Summit, London, UK, June 2012.

[Runs05] K. Runser, "Méthodologies pour la planification de réseaux locaux sans-fil », PhD Thesis, INSA lyon, oct. 2005.

[Rusk] http://www.medav.de/rusk_mimo.html

[Saha11] A. Sahai, G. Patel, and A. Sabharwal, "Pushing the limits of full-duplex: Design and real-time implementation, http://arxiv.org/abs/1107.0607," in Rice University Technical Report TREE1104, June 2011.

[Saha12] Achaleshwar Sahai, Gaurav Patel, Chris Dick and Ashutosh Sabharwal, "On the impact of Phase Noise on Active Cancellation in Wireless Full-Duplex," arXiv preprint arXiv:1212.5462, 2012.

[Saun07] S.R. Saunders and A. Aragon-Zavala. "Antennas and propagation for wireless communication systems". Ed. Wiley, 2007.

[Sche06] T. Schenck. "RF Impairments in Multiple Antenna OFDM : Influence and Mitigation", PhD thesis, Eindhoven University of Technology, 2006.

[Small] http://www.smallcellforum.org/

[Smart] http://www.smartsantander.eu/

[Stein01] Steinbauer M., Molisch A.F., Bonek E., "The double-directional radio channel," Antennas and Propagation Magazine, IEEE , vol.43, no.4, pp.51-63, Aug 2001.

[Suth03] S. Suthaharan, A. Nallanathan, B. Kannan, "Joint interference cancellation and decoding scheme for next generation wireless LAN systems," IEEE SPAWC 2003, 15-18 June 2003, pp. 284-288.

[Tafl05] Taflove A., "Computational Electrodynamics: The Finite-Difference Time-Domain Method", Ed. Artech House, 2005.

[TUW] http://www.nt.tuwien.ac.at/research/mobile-communications/lte-simulators/

[Uman11] D. UMANSKY, G. DE LA ROCHE, Z. LAI, G. VILLEMAUD, J-M. GORCE, AND J. ZHANG, "A New Deterministic Hybrid Model for Indoor-to-Outdoor Radio Coverage Prediction", in European Conference on Antennas and Propagation (EuCAP 2011), Rome, Italy, April 2011.

[Uman11-2] D. UMANSKY, J-M. GORCE, G. VILLEMAUD, "Further Development and Optimization of the MR-FDPF Algorithm", D1.1 Progress Report, iPlan project, March 2011.

[Uman11-3] D. UMANSKY, J-M. GORCE, M. LUO, G. DE LA ROCHE, AND G. VILLEMAUD, "Computationally Efficient MR-FDPF Method for Multifrequency Simulations", Research Report RR-7726, Inria, August 2011.

[Uman12] D. UMANSKY, J.M. GORCE, M. LUO, G. DE LA ROCHE , G. VILLEMAUD, "Computationally Efficient MR-FDPF and MR-FDTLM Methods for Multifrequency Simulations", IEEE Trans on Antennas and Propagation, 61(3):1309-1320, 2012.

[Vall14] M. VALLERIAN, G. VILLEMAUD, B. MISCOPEIN, T. RISSET, F. HUTU, "SDR for SRD: ADC specifications for reconfigurable gateways in urban sensor networks", IEEE Radio and Wireless Symposium (RWS) 2014, Newport Beach, Jan. 2014.

[Verd05] J. VERDIER, H. PARVERY, G. VILLEMAUD, "Plate-forme de tests de systèmes de radiocommunications et de validation des modèles de simulations", 13èmes Carrefours de la Fondation Rhône-Alpes Futur, Lyon, décembre 2005.

[Verd06] J. VERDIER, J.C. NUNEZ-PEREZ, A. SAHAI, P.F. MORLAT, G. VILLEMAUD, "Modern approach to drive RF design and verify system performance", SAME 2006 Forum, oct 2006.

[Verd07] J. VERDIER, G. VILLEMAUD, J.M. GORCE, "Etude de systèmes de radiocommunications ", J3eA, volume 6, oct 2007.

[Verd08] J. VERDIER, G. VILLEMAUD, J.M. GORCE, "Plateforme de tests et de validation des modèles de simulation", J3eA, volume 6, oct 2007.J3EA (Feb. 22, 2008)

[Verd11] J. VERDIER, I. BURCIU, G. VILLEMAUD, F. HUTU, "Design and measurements of a RF front-end for low power bi-band simultaneous reception", Rapport LAAS N°11166, Avril 2011.

[Verd84] S. Verdú, "Optimum Multiuser Signal Detection," PhD. thesis, University of Illinois, Urbana-Champaign, August 1984.

[Vill00] G. VILLEMAUD, P. GUILLON, O. TANTOT, D. CROS, "Caractérisation non-destructive de matériaux par résonateurs planaires", 6èmes Journées de Caractérisation Microonde et Matériaux (J.C.M.M), Paris, march 2000.

[Vill01] G. VILLEMAUD, F. TORRES, B. JECKO, "Antennes annulaires à polarisation circulaire pour réception satellite", 12èmes Journées Nationales Microondes, Poitiers, may 2001.

[Vill02] G. VILLEMAUD, C. DECROZE, F. TORRES, B. JECKO, " Low Cost, Isotropic Coverage, Resonant Antenna with Compact Three Dimensionnal Shape ", IEEE Antennas and Propagation Symposium, San Antonio, june 2002.

[Vill02-2] G.VILLEMAUD, C.DECROZE, F.TORRES, T.MONEDIERE, B.JECKO, " Multi-Band Antenna for Mobile Communication Standards ", Intern. Conf. on Antenna Technology and Applied Electromagnetics, Montréal, august 2002.

[Vill02-3] G. VILLEMAUD, C. DECROZE, F. TORRES, T. MONEDIERE, B. JECKO, " Multi-band Array Antenna for Mobile Communications ", 12èmes Journées Internationales de Nice sur les Antennes, november 2002.

[Vill02-4] G. VILLEMAUD, "Etude d'antennes ruban tridimensionnelles compactes pour liaison de proximité. Application à des systèmes de télémesure et de localisation de téléphones cellulaires", PhD Thesis, Université de Limoges, december 2002.

[Vill03] G. VILLEMAUD, C. DALL'OMO, T. MONÉDIÈRE, B. JECKO, "Multi-band antennas for Emergency Rescue System Based on Cellular Phones Localisation", ICECom 2003, Dubrovnik, Croatia, october 2003.

[Vill04]G. VILLEMAUD, C. DECROZE, T. MONÉDIÈRE, B. JECKO, "Dual-Band Printed Dipole Antenna Array for an Emergency Rescue System Based on Cellular Phones Localisation", Microwave and Optical Technology Letters, volume 42 number 3, august 2004.

[Vill05] G. VILLEMAUD, G. DE LA ROCHE, R. LECOGE, J. M. GORCE, H. PARVERY, "Synthèse de Diagrammes de Rayonnement Directifs pour Simulateur de Couverture Indoor", 14ème Journées Nationales Microondes, Nantes, mai 2005.

[Vill05-2] G. VILLEMAUD, "Antennes pour les réseaux de capteurs : contraintes d'intégration et potentiels des techniques multi-antennes", Workshop CNRS RECAP-Réseaux de capteurs, Nice, novembre 2005.

[Vill06] G. VILLEMAUD, G. DE LA ROCHE, J.M. GORCE, "Accuracy Enhancement of a Multi-Resolution Indoor Propagation Simulation Tool by Radiation Pattern Synthesis", IEEE Antennas and Propagation Symposium, Albuquerque, july 2006.

[Vill06-2] G. VILLEMAUD, J. VERDIER, "Plate-forme de Conception Globale de Systèmes de Radiocommunications Multi-antennes Multi-modes", 14èmes Carrefours de la Fondation Rhône-Alpes Furtur, Lyon, december 2006.

[Vill07] G. VILLEMAUD, X. GALLON, J.M. GORCE, "Caractérisation expérimentale du canal de propagation indoor à 2.45 GHz", 15èmes Journées Nationales Microondes, Toulouse, may 2007.

[Vill07-2] G. VILLEMAUD, "Antenna Diversity for Medical Base Station", Report ELA Medical, nov. 2007.

[Vill08] G. VILLEMAUD, "Radio modeling and optimization", laboratoire WTI de l'Université de Pékin des Postes et Télécommunications, Chine, février 2008.

[Vill10] G. VILLEMAUD, P.F. MORLAT, J. VERDIER, J.M. GORCE, M. ARNDT, "Coupled Simulation-Measurements Platform for the Evaluation of Frequency-Reuse in the 2.45 GHz ISM band for

Multi-mode Nodes with Multiple Antennas", EURASIP Journal on Wireless Communications and Networking, Volume 2010, Article ID 302151, 11 pages, March 2010.

[Vill10-2] G. VILLEMAUD, "System-level evaluation of multi-* radio links", CWIND, University of Bedfordshire, UK, July 2010.

[Vill10-3] G. VILLEMAUD, "Realistic performance of enhanced flexible radio links", AEROFLEX R&D, Stevenage,UK, August 2010.

[Vill11] G. VILLEMAUD, J. VERDIER, M. GAUTIER, I. BURCIU AND P. F. MORLAT, "Front-end architectures and impairment corrections in multi-mode and multi-antenna systems", included in "Digital front-end in wireless communication and broadcasting: circuits and signal processing", Ed. Cambridge, Sept. 2011.

[Vill11-2] G. VILLEMAUD, "Miniature Antennas", included in "Compact Antennas for Wireless Communications and Terminals: Theory and Design", Ed. Wiley, July 2011.

[Vill11-3] G. VILLEMAUD, "Antennes Miniatures" inclus dans "Petites antennes : Communications sans fil et terminaux", Ed. Hermès, avril 2011.

[Vill12] G. VILLEMAUD, C. LÉVY-BENCHETON, T. RISSET, "Performance Evaluation of Multi-antenna and Multi-mode Relays Using a Network Simulator", in European Conference on Antennas and Propagation (EuCAP 2012), Prague, Czech Republic, March 2012.

[Vill12-2] G. VILLEMAUD, D. UMANSKY, G. DE LA ROCHE, Z. LAI, M. LUO, J-M. GORCE, "Indoor radio network planning and optimization", D1.3 Progress Report, iPlan project, June 2012.

[Vill12-3] G. VILLEMAUD, "Coverage Prediction for Heterogeneous Networks: From Macrocells to Femtocells", Femtocell Winter School, Barcelone, Espagne, février 2012.

[Vill12-4] G. VILLEMAUD, "Realistic Prediction of Available Throughput of OFDM Small Cells", 6th Small Cell and HetNetWorshop, Small Cell World Summit, London, UK, June 2012.

[Vill13] G. VILLEMAUD, L. GONCALVEZ, M. LUO, J. WENG, P. WANG, "Measurement campaigns and model calibration", ", D1.4 Progress Report, iPlan project, March 2013.

[Vill99] G. VILLEMAUD, "Méthode non destructive de caractérisation de matériaux en couches minces", MSc Thesis, Université de Limoges, december 1999.

[Wag10] J-F. WAGEN, J-M. GORCE, G. DE LA ROCHE, AND G. VILLEMAUD, "Parflow: Comparison Between Two Implementation", in Second International Workshop on Femtocells, Luton, UK, June 2010.

[Walf88] J. Walfisch, H. L. Bertoni, "A theoretical model of UHF propagation in urban environments," IEEE Trans. on Antennas and Propagation, vol. 36, no. 12, pp. 1788-1796, Dec. 1988

[Weav56] D.Weaver, "A Third Method of Generation and Detection of Single-Sideband Signals", IRE, vol.47, p 1703-1705, Decembre 1956.

[Wei14] Z. WEI, G. VILLEMAUD, T. RISSET, "Full Duplex Prototype of OFDM on GNURadio and USRPs", IEEE Radio and Wireless Symposium (RWS) 2014, Newport Beach, Jan. 2014.

[WinII] IST-4-027756 WINNER II, D1.1.2

[Xu04] B. Xu, C. Yang, S. Mao, "Multiuser space-time code for OFDM/SDMA systems [WLAN applications]," VTC 2004-Spring, Volume 2, 17-19 May 2004, pp. 828-832.

[Xu06] X. XU, A. SAHAI, P.F. MORLAT, J. VERDIER, G. VILLEMAUD, J.M. GORCE, "Impact of RF Front-end non-idealities on performances of SIMO-OFDM receiver", EUCAP 2006, Nice, nov 2006.

[Zhan13] Z. ZHAN, G. VILLEMAUD, J.M. GORCE, "Design and Evaluation of a Wideband Full-Duplex OFDM System Based on AASIC", IEEE Personal, Indoor and Mobile Radio Communications Symposium, PIMRC2013, London, September 2013.

[Zhan14] Z. ZHAN, G. VILLEMAUD, J.M. GORCE, "Analysis and Reduction of the Impact of Thermal Noise on the Full-Duplex OFDM Radio", IEEE Radio and Wireless Symposium (RWS) 2014, Newport Beach, Jan. 2014.

[Zhou06] G. Zhou, T. He, S. Krishnamurthy, and J. A. Stankovic, "Models and solutions forradio irregularity in wireless sensor networks", ACM Trans. on sensor networks 2006,Vol. 2, No. 2, pp. 221_262, may 2006.

www.ingramcontent.com/pod-product-compliance
Lightning Source LLC
Chambersburg PA
CBHW021106210326
41598CB00016B/1356